W0083661

Elster

Tannenmeise

Stieglitz

Eichelhäher

Turmfalke

Singdrossel

Bergfink

Rebhuhn

DR. EINHARD BEZZEL

VÖGEL
nach Farben bestimmen

Mit detailgenauen Illustrationen

Vögel kennenlernen – einige Tipps

Über 90 Vogelarten sind in diesem Buch abgebildet und beschrieben. Mehr als 4-mal so viele sind in Deutschland schon beobachtet worden. Aber die meisten von ihnen begegnen dem Naturfreund nie oder nur in Ausnahmefällen. Die Vogelarten, die man in diesem Buch findet, kann jeder beobachten, wenn er bei Spaziergängen ein wenig aufmerksam ist oder sich die Gäste des Futterhauses im Garten näher anschaut.

Aber auch bei häufigen Vögeln, die eigentlich jeder kennen sollte, ist es gar nicht einfach, sie sicher zu bestimmen. Ist es ein Buchfink, ein Haussperling oder ein Grünfink? Zweifel bleiben oft, denn man hat in der Eile auf wichtige Merkmale nicht geachtet und die Begegnung war leider ohnehin nur kurz. Ungünstige Lichtverhältnisse, Sonne im Rücken oder im Gesicht, überhaupt keine Sonne oder frischer Wind, der die Federn etwas aufbläst – oft kommt etwas dazwischen, was den Vogel anders aussehen lässt als wir ihn auf Abbildungen finden.

Farbeindrücke registriert man meist als Erstes und behält sie auch am leichtesten in Erinnerung. Aber auch Farben können bei unterschiedlichen Lichtverhältnissen täuschen, und oft sieht man einen kennzeichnenden Farbfleck überhaupt nicht oder nur flüchtig. Man kann auch darüber streiten, ob das Gelb oder das Blau für den Einstieg zur Bestimmung der Blaumeise maßgebend ist. Das wird aber nicht zum Problem, denn viele Vogelarten sind auf den folgenden Seiten unter verschiedenen Farbgruppierungen zu finden, sodass man auf **ganz unterschiedlichen Wegen zum Ziel** kommt.

Nicht alle Vogelarten lassen sich immer an den gleichen Farbmerkmalen bestimmen, denn viele Vögel tragen verschiedene Kleider. Da gibt es Männchen und meist schlichter gefärbte Weibchen, Schlichtkleider im Spätsommer und Herbst, Prachtkleider im Frühjahr, und eben selbstständig gewordene Jungvögel sehen anders aus als Altvögel. Möwen an der Küste sind daher nicht nur weiß, sondern auch braun, ein Buchfink ist nicht immer bunt, sondern auch grau wie ein Spatz. Auch das führt dazu, dass eine Vogelart im Buch mehrmals zu finden ist.

Die abgebildeten Vögel lassen keine **Größenunterschiede** erkennen. Im Bild ist jeder Vogel so groß dargestellt, dass die wichtigsten Farbmerkmale gut zu sehen sind. Bei korrekten Größenverhältnissen müssten zwangsläufig einige Abbildungen winzig werden. Abgesehen davon sagen Größenverhältnisse von Abbildungen nichts, wenn man nur einen Vogel pro Bildseite gesehen hat. Bei jedem Vogel ist aber im Text ein Größenvergleich zu allgemein bekannten Vogelgestalten angegeben, so dass man seine Beobachtung rasch einordnen kann.

Vögel beobachten bedeutet also, etwas **Detektivarbeit** zu leisten. Und die macht das Vogelbeobachten auch nach Jahren noch spannend.

Nicht jeder Fall ist hieb- und stichfest zu lösen, Fragezeichen und ungeklärte Beobachtungen bleiben. Neben Farben können viele andere uns auffallende Merkmale zum Ziel führen oder helfen, einen Vogel als einer bestimmten Art zugehörig zu erkennen. Größe und Gestalt, typische Bewegungen und auffälliges Verhalten und vor allem charakteristische Gesänge und Rufe verraten viel. Auch der Aufenthalt in einem bestimmten Lebensraum oder die Jahreszeit einer Beobachtung können weiterhelfen. Angaben zu solchen wichtigen Anhaltspunkten sind in den knappen, auf das Wichtigste konzentrierten Texten bei jeder Art nachzulesen.

Besonders aufschlussreich können auch **Vergleiche** sein. Manchmal sind sich zwei oder drei Vogelarten außerordentlich ähnlich, ein Specht mit grünlicher Oberseite kann ein Grün- oder Grauspecht sein, ein schwarzer Vogel eine Raben- oder Saatkrähe. Daher kommt es manchmal auf kleine Unterschiede an, die aber nicht immer zu sehen, sondern mitunter nur zu hören sind. Zilpzalp und Fitis, Garten- und Waldbaumläufer sind selbst für den Beobachter mit viel Erfahrung meist nur nach der Stimme eindeutig voneinander zu unterscheiden. Die Vielfalt der Natur äußert sich auch in der Vogelwelt oft in Kleinigkeiten, die wir nicht immer sehen oder hören können. Sie alle zu kennen und zu einer »Diagnose« zu verarbeiten ist eine spannende Herausforderung, die anzunehmen und zu meistern aber keineswegs notwendig ist, um am Vogelbeobachten Spaß zu haben. Auf alle Fälle lernt man selbst bei unseren häufigen Vogelarten in der nächsten Umgebung noch nach Jahren viel dazu und erlebt immer wieder Überraschungen.

Ein scharfes Auge kann viel entdecken. Aber um Vögel aus sicherer Entfernung, aus der wir sie nicht stören, gut zu erkennen und zu beobachten, leistet ein **Fernglas** mit 8- bis 10-facher Vergrößerung unverzichtbare Dienste. Ob man kleine handliche Taschenferngläser oder größere Modelle bevorzugt, man sollte sich die Anschaffung immer sorgfältig überlegen. Sehr gute Fabrikate kosten heute mehr als eine gute Digitalkamera, die mit Fernoptik ausgerüstet viele Eindrücke so festhalten kann, dass sich manche wichtigen Bestimmungsmerkmale dann unmittelbar mit Abbildungen und Beschreibungen vergleichen lassen oder auch viel später noch ausgewertet werden können. Aber es ist besser, auf das Fotografieren zunächst zu verzichten zugunsten eines wirklich guten Fernglases, das uns die Augen öffnet. Erfahrene Vogelkenner beraten gerne.

Mit der Zeit kann man seine Kenntnisse durch das Studium von umfangreicheren Fachbüchern oder Tonträgern mit Vogelstimmen erweitern. Nichts geht aber über den Anschluss an Gleichgesinnte und den persönlichen Kontakt zu fachlichem Austausch, auch um gemeinsame Entdeckerfreuden zu teilen oder Tipps zur Beobachtung besonders interessanter Arten zu erhalten. Heute steht der **Schutz der Artenvielfalt** unter Naturfreunden an oberster Stelle. Gemeinsames Handeln ist Voraussetzung für das Ziel, von unserer Heimatnatur so viel wie möglich für kommende Generationen zu bewahren. Vogelkundlichen Gesellschaften, Ortsgruppen des Naturschutzbundes Deutschland oder Kreisgruppen des Landesbundes für Vogelschutz in Bayern kann sich jeder anschließen. Dazu ist kein besonderes Fachwissen Voraussetzung, sondern nur Freude und Interesse an der Natur.

1

2

3

1 Blaumeise
Parus caeruleus Familie Meisen Paridae

Kleine Kopfkappe hellblau, Nacken und Kragen dunkelblau (bis schwärzlich), Flügel und Schwanz satt blau. Weibchen zeigen das Blau weniger auffällig, frisch ausgeflogene Jungvögel wirken grünlich. Gesicht weiß mit dünnem dunklem Streifen durchs Auge, Rücken grünlich, Unterseite gelb. Kleiner als Haussperling und als Kohlmeise; kleiner, runder Kopf.

Vorkommen: Laub- und Mischwald, Gehölze, Parkanlagen und Gärten; das ganze Jahr über zu sehen. Standvogel, aber vor allem im Herbst auch Wanderungen in Schwärmen. Häufig an Futterstellen, hängt oft mit dem Bauch nach oben an Meisenknödeln oder dünnen Zweigen.

Wissenswertes: Höhlenbrüter, Nester werden in Baumhöhlen, Mauerlöchern oder Nistkästen angelegt.

2 Kleiber
Sitta europaea Familie Kleiber Sittidae

Oberseite graublau, Unterseite weißlich oder orangefarben bis rötlichbraun getönt. Schwarzer Streifen durchs Auge bis auf die Halsseiten. Kurzer Schwanz. Größe wie Haussperling, gedrungen, mit großem Kopf und kräftigem Schnabel. Macht sich oft durch laute Pfiffe bemerkbar.

Vorkommen: Laub- und Mischwald, Parkanlagen und Gärten mit älteren Bäumen; klettert an Baumstämmen. Jahresvogel, kommt auch an Futterstellen.

Wissenswertes: Kann als einziger einheimischer Vogel am Stamm auch kopfunter klettern. Brütet in Baumhöhlen oder Nistkästen, deren Einfluglöcher auf passende Größe zugeklebt werden (»Kleiber« bedeutet Kleber).

3 Eisvogel
Alcedo atthis Familie Eisvögel Alcedinidae

Oberseite blau, im Flug in der Mitte leuchtend kobaltblau, Unterseite und Wangen ziegel- bis orangerot; Kehle und Fleck an den Halsseiten weiß. Im Sitzen bunte Farben oft nicht gut zu erkennen. Kaum größer als Haussperling, gedrungen, kurzschwänzig, kurzbeinig, langer kräftiger Schnabel. Beim Abfliegen sind oft durchdringende Pfiffe zu hören.

Vorkommen: Einzeln am Wasser, sitzt oft still auf einer Warte, fliegt meist niedrig in gerader Linie übers Wasser. Jahresvogel, im Herbst und Winter meist abseits der Brutplätze.

Wissenswertes: Durch Lebensraumverlust selten geworden; gräbt eine fast meterlange Röhre in einen steilen Bodenabbruch mit einer Nestkammer; kleine Fische werden in einem steilen Sturzflug von einer Warte oder aus dem Rüttelflug ins Wasser erbeutet.

1

2

3

4

1 Alpendohle, Bergdohle
Pyrrhocorax graculus Familie Krähenverwandte Corvidae

Beine und Füße rot, Gefieder ganz schwarz, Schnabel gelb. Bei Jungvögeln Beine dunkel und Schnabel oft mit dunkler Spitze. Größer als Amsel, etwas kleiner als Taube. Hohe pfeifende und rollende Rufe.

Vorkommen: Nur in den Alpen, meist in Gipfelnähe, an Bergstationen und Rastplätzen oft sehr zutraulich, lässt sich füttern. Im Winter auch regelmäßig in manchen Ortschaften der Alpentäler.

Wissenswertes: Brütet in Felswänden; lebt von Insekten, Samen. Holt Essensreste und Abfälle.

2 Gimpel, Dompfaff
Pyrrhula pyrrhula Familie Finken Fringillidae

Beim Männchen Unterseite kräftig rot, Gesicht und Kappe schwarz; Rücken grau, Flügel schwarz mit weißer Binde; Weibchen (siehe S. 45) Unterseite beigegrau. Im Flug weißer Bürzel zu sehen. Wenig größer als Haussperling, kompakte Gestalt, kurzer dicker Schnabel. Pfiffe kurz und weich »djüh«.

Vorkommen: Mischwälder, Parkanlagen, größere Gärten. Im Winter meist häufiger zu sehen als im Sommer; kommt auch an Futterstellen.

Wissenswertes: Nest in Büschen und Bäumen gut versteckt. Lebt von Samen, Knospen und im Sommer auch von Insekten.

3 Bluthänfling, Hänfling
Carduelis cannabina Familie Finken Fringillidae

Stirn, Vorderscheitel und Brust des Männchens rot, Weibchen ohne Rot im Gefieder. Rücken zimtbraun, Kopf grau bis bräunlich, Bauch hell, undeutlicher weißer Fleck im dunklen Flügel. Kleiner als Haussperling, schlank.

Vorkommen: Im Tiefland in halboffener Landschaft mit Büschen und Hecken, auch in Dorfgärten und an der Küste; oft in kleinen Schwärmen; da ein Teil wegzieht, im Winter spärlicher.

Wissenswertes: Hat in landwirtschaftlich intensiv genutzten Gebieten stark abgenommen; wichtige Nahrung sind Sämereien von Ackerkräutern und Stauden auf Ödflächen.

4 Stieglitz, Distelfink
Carduelis carduelis Familie Finken Fringillidae

Gesicht rot, Kopf schwarzweiß, Rücken braun; im dunklen Flügel ein auffallendes gelbes Feld und weiße Flecken. Jungvögel ohne Rot. Kleiner als Haussperling. Ruf zart »tikelitt« (daher der Name Stieglitz).

Vorkommen: Lichte Laub- und Mischwälder, Gehölze, Alleen, Gärten. Bei Nahrungssuche oft auf dem Boden oder an Stauden (Disteln, daher der Name Distelfink); im Spätsommer und Herbst oft in Schwärmen; ein Teil überwintert in Süd- und Westeuropa.

Wissenswertes: Nester stehen oft hoch in Bäumen.

1 Hausrotschwanz

Phoenicurus ochruros Familie Schnäpperverwandte Muscicapidae
Rostroter Schwanz, der beim ruhigen Sitzen oft zittert. Männchen (Abbildung) rußgrau bis schwarz, oft weißes Flügelfeld; Weibchen (siehe S. 33) graubraun bis grau. Schlanker als Haussperling; im Sitzen aufrechte Körperhaltung. Gesang etwas stotternd, neben Pfeiftönen auch knirschende Laute.
Vorkommen: Brütet in Felsen im Hochgebirge, in Steinbrüchen, Dörfern, Städten, Fabrikanlagen; singt oft auf dem Dachfirst. Zugvogel, von März bis November bei uns.
Wissenswertes: Nest in Felsspalten, Mauernischen oder auf Dachbalken; einige überwintern auch bei uns.

2 Gartenrotschwanz

Phoenicurus phoenicurus Familie Schnäpperverwandte Muscicapidae
Rostroter Schwanz, der beim ruhigen Sitzen oft zittert. Männchen (Abbildung) schwarze Kehle, orangerote Brust, weiße Stirn, grauer Oberkopf und Rücken. Weibchen Oberseite graubraun, Unterseite beige, heller als Hausrotschwanz. Schlanker als Haussperling; im Sitzen aufrechte Körperhaltung.
Vorkommen: Lichte Laub- und Mischwälder, Streuobstwiesen, Parkanlagen, Gärten. Zugvogel, Ende April bis September.
Wissenswertes: Brütet in Baumhöhlen und Nistkästen.

3 Rotkehlchen

Erithacus rubecula Familie Schnäpperverwandte Muscicapidae
Gesicht, Kehle und Brust orangerot, Oberseite bräunlich. Etwas kleiner als Haussperling, dünne und relativ lange Beine. Rufe schnell hintereinander »ticktick …«, Gesang mit perlenden, klaren Tonreihen.
Vorkommen: Wälder, Hecken- und Buschlandschaften, Parkanlagen und Gärten. Teilweise Zugvogel, aber auch im Winter zu sehen. Kommt auch an Futterstellen mit Weichfutter; Einzelgänger.
Wissenswertes: Die Nahrung besteht aus Kleintieren, Beeren und anderen weichen Früchten.

4 Schwarzspecht

Dryocopus martius Familie Spechte Picidae
Männchen mit rotem Scheitel, Weibchen mit rotem Fleck auf dem Hinterscheitel. Gefieder einheitlich schwarz, Schnabel gelblich. Größer als Taube, schlanker Stammkletterer, langer kräftiger Schnabel. Rufe »krrük krrük krrük …« und gedehnt »kliöh«.
Vorkommen: Wälder mit älteren Bäumen, das ganze Jahr über.
Wissenswertes: Bruthöhle in alten Bäumen; hackt große Suchlöcher nach holzbewohnenden Insekten in alte Baumstümpfe.

1

2

3

4

1 Buntspecht
Dendrocopos major Familie Spechte Picidae

Am Bauch und unterhalb des Schwanzansatzes rot, Männchen auch mit rotem Nackenfleck, Junge mit rotem Scheitel; Weibchen ohne Rot am Kopf. Oberseite und Kopf auffallend schwarz-weiß gemustert, Unterseite überwiegend weißlich. Etwa Amselgröße; Stammkletterer, kräftiger spitzer Schnabel. Ruf »kix«, trommelt im Frühjahr.

Vorkommen: Weitaus häufigster Specht in Wäldern, Gehölzen, Parkanlagen und Gärten mit Bäumen. Ganzjährig, kommt auch ans Futterhaus.

Wissenswertes: Lebt von Insekten und vor allem im Winter von Nadelbaumsamen. Zimmert sich eine Bruthöhle in Baumstämme, alte Höhlen werden auch wiederverwendet.

2 Kleinspecht
Dryobates minor Familie Spechte Picidae

Männchen mit rotem Scheitel, Weibchen ohne Rot. Unterseite weißlich, fein dunkel gestrichelt; Kopfseiten weiß mit schwarzem Streifen, Oberseite schwarz mit weißer Fleckenbänderung. Größe wie Haussperling; schlank; kurzer spitzer Schnabel.

Vorkommen: Laubwälder, Auwälder, Obstgärten, Parkanlagen, große Gärten. Ganzjährig, meist nicht häufig und oft nicht leicht zu entdecken.

Wissenswertes: Bruthöhlen in totem oder morschem Holz, auch in Ästen, mit Schlupfloch auf der Unterseite.

3 Grünspecht
Picus viridis Familie Spechte Picidae

Scheitel und Nacken rot, schwarze Maske um das Auge, Männchen auch Rot im Wangenstreif, Weibchen nicht. Oberseite grün bis gelbgrün, Flügelspitzen dunkler. Kleiner als Taube, schlanker Stammkletterer, spitzer Schnabel. Rufe laut »kjück kjück …«.

Vorkommen: Offene Laub- und Mischwälder, größere Gehölze und Parkanlagen, ganzjährig.

Wissenswertes: Sucht häufig Nahrung am Boden (Ameisen). Neue Bruthöhlen werden meist an faulen und morschen Stammabschnitten angelegt.

4 Grauspecht
Picus canus Familie Spechte Picidae

Beim Männchen Vorderscheitel rot, Weibchen ohne Rot. Kopf grau, weniger Schwarz als Grünspecht; Oberseite moosgrün. Deutlich kleiner als Taube, Stammkletterer, kürzerer Schnabel als Grünspecht. Im Frühjahr absinkende Reihe klangvoller »kü«-Laute (leicht nachzupfeifen).

Vorkommen: Laub- und Mischwälder mit morschen Bäumen, Auwälder, große Parkanlagen. Ganzjährig, besucht auch Futterstellen.

Wissenswertes: Sitzt oft auf dem Boden bei der Nahrungssuche.

1

2

3

4

1 Eisvogel
Alcedo atthis Familie Eisvögel Alcedinidae

Unterseite und Wangen ziegel- bis orangerot; Kehle und Fleck an den Halsseiten weiß, Oberseite blau, im Flug in der Mitte leuchtend kobaltblau. Im Sitzen bunte Farben oft nicht gut zu erkennen. Kaum größer als Haussperling, gedrungen, kurzschwänzig, kurzbeinig, kräftiger Schnabel.
Vorkommen: Einzeln am Wasser, sitzt oft still auf einer Warte, fliegt meist niedrig in gerader Linie übers Wasser. Jahresvogel, im Herbst und Winter meist abseits der Brutplätze.
Wissenswertes: Durch Lebensraumverlust selten geworden; gräbt eine fast meterlange Röhre in einen steilen Bodenabbruch mit einer Nestkammer; kleine Fische werden in einem Sturzflug ins Wasser erbeutet.

2 Austernfischer
Haematopus ostralegus Familie Austernfischer Haematopodidae

Kräftiger Schnabel bei Altvögeln leuchtend rot, Beine rosarot; auffallend schwarz-weißes Gefieder. Etwa taubengroß. Schriller Ruf wie »kliip« weit zu hören.
Vorkommen: An Küsten im Watt, selten und meist nur an wenigen Stellen auch im Binnenland. An der Nordsee auch im Winter.
Wissenswertes: Auffälliger Küstenvogel, der auch oft zu hören ist. Lebt von Muscheln, Schnecken, Krebstieren, Würmern.

3 Weißstorch, Storch
Ciconia ciconia Familie Störche Ciconiidae

Rote Beine und roter Schnabel; bei Jungvögeln Schnabel blasser mit dunkler Spitze. Gefieder weiß, Flügel am Hinterrand breit schwarz. Größer als Gans, langbeinig und langhalsig mit langem Schnabel. Hals im Flug ausgestreckt (vgl. Graureiher). Schnabelklappern.
Vorkommen: Kulturland mit Feuchtwiesen und sumpfigen Stellen; brütet auf Dächern, Kaminen oder höheren Plattformen, selten in Bäumen. Zugvogel, bei uns von April bis September, selten im Winter.
Wissenswertes: Der Zug führt vor allem über den Bosporus und über Gibraltar ins tropische und südliche Afrika. Lebt von Regenwürmern, Insekten, Amphibien.

4 Teichhuhn
Gallinula chloropus Familie Rallen Rallidae

Bei Altvögeln rotes Stirnschild und Schnabel rot mit gelber Spitze. Gefieder dunkel, schieferfarben; bei Jungen bräunlich; schmale weiße Linie an den Körperseiten, weißes Dreieck auf der Schwanzunterseite. Etwa Taubengröße, im Schwimmen oft mit hochgestelztem Schwanz.
Vorkommen: Seen, Teiche, Sümpfe, Flüsse mit Ufervegetation; an Parkgewässern oft sehr vertraut, lässt sich im Winter auch füttern.
Wissenswertes: Ist trotz Aussehen und Namen kein Huhn. Kann auch geschickt in Büschen klettern, aber immer in Wassernähe.

1

2

3

4

1 Alpendohle, Bergdohle
Pyrrhocorax graculus Familie Krähenverwandte Corvidae
Gelber Schnabel, Gefieder ganz schwarz, Beine und Füße rot. Bei Jungvögeln Beine dunkel und Schnabel oft mit dunkler Spitze. Größer als Amsel, etwas kleiner als Taube. Hohe pfeifende und rollende Rufe.
Vorkommen: Nur in den Alpen, meist in Gipfelnähe, an Bergstationen und Rastplätzen oft sehr zutraulich, lässt sich füttern. Im Winter auch regelmäßig in manchen Ortschaften der Alpentäler.
Wissenswertes: Brütet in Felswänden; lebt von Insekten, Samen. Holt Essensreste und Abfälle.

2 Pirol
Oriolus oriolus Familie Pirole Oriolidae
Männchen im Prachtkleid leuchtend gelb mit schwarzen Flügeln und schwarzem Schwanz, Schnabel rötlich. Weibchen und junge Männchen oberseits grün, Flügel teilweise schwarz; auf der Unterseite grauweißlich mit feiner Strichelung an den Flanken. Größe wie Amsel.
Vorkommen: Hochstämmige lichte Laubwälder und große Parks, meist hoch in Bäumen. Zugvogel, bei uns von Mai bis August.
Wissenswertes: Das kunstvoll geflochtene Nest hängt hoch in Bäumen in einer Astgabel.

3 Kohlmeise
Parus major Familie Meisen Paridae
Durch die gelbe Unterseite läuft ein mehr oder minder breiter schwarzer Mittelstreifen; der glänzend schwarze Kopf trägt ein großes weißes Wangenfeld; Rücken grünlich; blaugraue Flügel mit schmaler weißer Binde. Fast so groß wie Haussperling, größte Meise. Ruf »pink« (wie Buchfink), Gesang »zi bä« oder »ti ti dä«, klingelnd.
Vorkommen: Häufigste Meise; Wälder, Gehölze, Parkanlagen und Gärten; kommt häufig ans Futterhaus.
Wissenswertes: Höhlenbrüter, Nest in Baumhöhlen und Nistkästen.

4 Blaumeise
Parus caeruleus Familie Meisen Paridae
Unterseite gelb mit nur schmalem weißem Mittelstreifen; kleine Kopfkappe hellblau, Nacken und Kragen dunkelblau (bis schwärzlich), Flügel und Schwanz satt blau. Weibchen weniger auffällig blau, frisch ausgeflogene Jungvögel mehr grünlich. Gesicht weiß mit dünnem dunklem Streifen durchs Auge, Rücken grünlich. Kleiner als Haussperling.
Vorkommen: Laub- und Mischwald, Gehölze, Parkanlagen und Gärten das ganze Jahr über. Standvogel, aber vor allem im Herbst auch Wanderungen in Schwärmen. Häufig an Futterstellen.
Wissenswertes: Höhlenbrüter, Nester in Baumhöhlen, Mauerlöchern oder Nistkästen.

1

2

3

4

1 Goldammer
Emberiza citrinilla Familie Ammernverwandte Emberizidae

Männchen gelber Kopf und gelbe Unterseite, an Rücken und Brust braun und rotbraun gestrichelt. Weibchen kaum gelb, mehr grau und bräunlich, dunkel gestrichelt. Größe etwa wie Haussperling, etwas längerer Schwanz. Gesang »si si si si süüh« (letzter Ton länger und meist tiefer).

Vorkommen: Offene Landschaften mit Gebüsch und Hecken, Waldränder oder Kahlschläge; auch im Winter.

Wissenswertes: Gesang des Männchens ist leicht zu erkennen; im Herbst und Winter auch oft in Schwärmen am Boden.

2 Stieglitz, Distelfink
Carduelis carduelis Familie Finken Fringillidae

Im dunklen Flügel gelbes Feld, das auch im Flug auffällt; Gesicht rot, Kopf schwarz-weiß, Rücken braun. Kleiner als Haussperling. Ruf zart »tikelitt« (daher der Name Stieglitz). Jungvögel ohne Rot.

Vorkommen: Lichte Laub- und Mischwälder, Gehölze, Alleen, Gärten. Bei Nahrungssuche oft auf dem Boden oder an Stauden (Disteln, daher der Name Distelfink); im Spätsommer und Herbst oft in Schwärmen; ein Teil überwintert in Süd- und Westeuropa.

Wissenswertes: Nester stehen oft hoch in Bäumen.

3 Grünfink, Grünling.
Carduelis chloris Familie Finken Fringillidae

Am Unterrand des zusammengelegten Flügels fällt ein deutliches grüngelbes Feld auf, das manchmal (z. B. Jungvögel) auch sehr schmal sein kann. Männchen (Abbildung) haben auch grüngelbe Schwanzseiten (beim Abflug zu sehen); insgesamt grünlich oder grau. Größe wie Haussperling, kräftiger heller Schnabel.

Vorkommen: Waldränder, Gebüsche und Gehölze, Parkanlagen, Gärten. In Städten und Dörfern oft sehr häufig. Jahresvogel; kommt ans Futterhaus.

Wissenswertes: Vor allem die grauen Weibchen werden oft mit Haussperlingen verwechselt, doch ist der Schnabel heller und mächtiger.

4 Girlitz
Serinus serinus Familie Finken Fringillidae

Männchen Stirn, Halsseiten, Kehle und Brust zitronengelb, Weibchen blasser gelblichweiß. Kräftig dunkel gestrichelt und gestreift. Viel kleiner als Haussperling, kleiner Schnabel. Kratzender, wirbelnder Gesang, oft im taumelnden Singflug vorgetragen.

Vorkommen: Gehölze, Waldränder, Parkanlagen und Gärten; meist nur von März bis Oktober.

Wissenswertes: Nest meist hoch in Bäumen; Männchen starten ihren Singflug oft von Fernsehantennen.

1 Wintergoldhähnchen

Regulus regulus Familie Goldhähnchen Regulidae

Gelber bis orangefarbener Scheitelstreif, der aber manchmal schlecht zu sehen ist. Junge ohne Gelb; grünliche Ober-, weißliche Unterseite; helle Kopfseiten mit großem dunklem Auge. Sommergoldhähnchen *(R. ignicapillus)* ähnlich, aber mit schwarzem Strich durchs Auge (siehe S. 23). Winzig, kleinste Vögel Europas, rundlicher Körper. Hohe, feine Rufe und Gesänge.

Vorkommen: Nadel- und Mischwälder, Parkanlagen und große Gärten mit Nadelbäumen. Im Winter nur Wintergoldhähnchen.

Wissenswertes: Die rastlosen kleinen Vögel sind schwer zu beobachten, kommen aber oft ganz nah. Sommergoldhähnchen sind Zugvögel, Wintergoldhähnchen wandern im Herbst nur teilweise ab.

2 Gelbspötter

Hippolais icterina Familie Rohrsängerverwandte Acrocephalidae

Unterseite einheitlich hellgelb, Oberseite graugrün, Gesicht vor dem Auge hell. Viel kleiner und schlanker als Haussperling, relativ langer schlanker Schnabel. Lauter, schneller und rasch schwätzender Gesang, Ruf 3-silbig »de de uit«.

Vorkommen: Waldränder, Auwälder, Laubwälder, Feldgehölze, Parkanlagen und Gärten mit dichten, hohen Büschen von Mai bis August.

Wissenswertes: Meist schwer zu beobachten; ahmt auch Stimmen anderer Vogelarten nach.

3 Gebirgsstelze, Bergstelze

Motacilla cinerea Familie Stelzenverwandte Motacillidae

Unterseite mindestens am Hinterende gelb, Oberseite grau. Nur Männchen im Prachtkleid haben schwarze Kehle. Körper etwa wie Haussperling, aber sehr langer Schwanz, der dauernd wippt. Hohe scharfe Rufe, die man auch bei rauschendem Wasser gut hören kann.

Vorkommen: Bäche und Flüsse im Bergland und in höheren Lagen, in der Tiefebene selten. Im Winter auch an Seen und sogar an der Küste.

Wissenswertes: Hat von unseren 3 Stelzenarten den längsten Schwanz.

4 Wiesenschafstelze, Schafstelze

Motacilla flava Familie Stelzenverwandte Motacillidae

Unterseite matt oder leuchtend gelb, im Herbst auch großenteils weißlich; Oberseite graugrünlich oder graubraun, Oberkopf bei Männchen grau. Körper etwas kleiner und deutlich schlanker als Haussperling; langer Schwanz.

Vorkommen: Tieflandvogel auf Wiesen, Äckern und an Feuchtstellen; von April bis September.

Wissenswertes: Es gibt verschiedene Schafstelzenformen, deren Männchen schwarze bis graue Kopffärbung, gelbe oder weiße Kehle tragen.

1

2

3

4

1 Erlenzeisig, Zeisig
Carduelis spinus Familie Finken Fringillidae

An Kopf, Brust, im dunklen Flügel und am Rücken oberhalb des Schwanzes grüngelb bis hellgrün, Oberseite meist graugrün. Kopf bei Männchen mit schwarzer Kopfplatte, bei Weibchen graugrün; Rücken und Flanken dunkel gestrichelt, vor allem bei Weibchen. Kleiner als Haussperling.

Vorkommen: Nadel- und Mischwälder, von Herbst bis Frühjahr auch in Parkanlagen, Alleen und Gärten, dann oft in Schwärmen vor allem an Birken und Erlen; kommt auch ans Futterhaus.

Wissenswertes: Wintergäste sind oft Vögel aus Nord- und Osteuropa.

2 Grünfink, Grünling
Carduelis chloris Familie Finken Fringillidae

Insgesamt grünlich (Männchen, Abbildung) oder grau (Weibchen, siehe S. 45); am Unterrand des zusammengelegten Flügels fällt ein deutliches grüngelbes Feld auf, das manchmal (z. B. Jungvögel) auch sehr schmal sein kann. Männchen haben auch grüngelbe Schwanzseiten (beim Abflug zu sehen). Größe wie Haussperling, kräftiger heller Schnabel. Klingelnder Gesang.

Vorkommen: Waldränder, Gebüsche und Gehölze, Parkanlagen, Gärten. In Städten und Dörfern oft sehr häufig. Jahresvogel; kommt ans Futterhaus.

Wissenswertes: Vor allem die grauen Weibchen werden oft mit Haussperlingen verwechselt, doch ist der Schnabel heller und mächtiger.

3 Fitis oder Zilpzalp
Fitis *Phylloscopus trochilus*, Zilpzalp *Phylloscopus collybita* Familie Laubsänger Phylloscopidae

Oberseite grünlich, mit bräunlichem und grauem Ton; Unterseite weißlich, an Kehle und Brust oft fein gelblich. Hellerer Überaugenstreif, dunkler Strich durch das Auge. Viel kleiner als Haussperling. Sind nur am Gesang sicher zu unterscheiden: Zilpzalp singt »zilp zelp zilp zelp …« im Takt, Fitis eine abfallende Folge weicher und etwas wehmütig klingender Pfeiftöne.

Vorkommen: Fitis in lichten Laubwäldern, Feldgehölzen, Parkanlagen und Feuchtgebieten von April bis September; Zilpzalp in Laub- und Mischwäldern, Feldgehölzen, Parkanlagen und Gärten von März bis Oktober.

Wissenswertes: Beide bauen ein überdachtes Nest am Boden.

4 Sommergoldhähnchen
Regulus ignicapillus Familie Goldhähnchen Regulidae

Grünliche Ober-, gelblichweiße Unterseite; gelber bis orangerötlicher Scheitelstreif, der aber manchmal schlecht zu sehen ist; Junge ohne Gelb. Schwarzer Strich durchs Auge. Helle Kopfseiten. Wintergoldhähnchen *(R. regulus)* sind ähnlich, aber ohne schwarzen Augenstrich (siehe S. 21). Winzig, kleinste Vögel Europas, rundlicher Körper. Hohe, feine Rufe und Gesänge.

Vorkommen: Nadel- und Mischwälder, Parkanlagen und große Gärten mit Nadelbäumen. Meist nur von März bis November in Mitteleuropa.

Wissenswertes: Sommergoldhähnchen sind im Unterschied zu Wintergoldhähnchen reine Zugvögel.

1

2

3

4

1 Pirol
Oriolus oriolus Familie Pirole Oriolidae

Weibchen (Abbildung) und junge Männchen oberseits grün, Flügel teilweise schwarz; auf der Unterseite grauweißlich mit feiner Strichelung an den Flanken. Männchen im Prachtkleid (siehe S. 17) leuchtend gelb mit schwarzen Flügeln und schwarzem Schwanz, Schnabel rötlich. Größe wie Amsel.

Vorkommen: Hochstämmige lichte Laubwälder und große Parks, meist hoch in Bäumen. Zugvogel, bei uns von Mai bis August.

Wissenswertes: Das kunstvoll geflochtene Nest hängt hoch in Bäumen in einer Astgabel.

2 Grünspecht
Picus viridis Familie Spechte Picidae

Oberseite grün bis gelbgrün, Flügelspitzen dunkler; Scheitel und Nacken rot, schwarze Maske um das Auge; Männchen auch Rot im Wangenstreif, Weibchen nicht. Kleiner als Taube, schlanke Gestalt, Stammkletterer, spitzer Schnabel. Rufe laut »kjück kjück …«.

Vorkommen: Offene Laub- und Mischwälder, größere Gehölze und Parkanlagen, ganzjährig.

Wissenswertes: Sucht häufig Nahrung am Boden (Ameisen). Neue Bruthöhlen werden meist an faulen und morschen Stammabschnitten angelegt.

3 Grauspecht
Picus canus Familie Spechte Picidae

Oberseite moosgrün, Unterseite grünlich bis grau; beim Männchen Vorderscheitel rot, Weibchen ohne Rot. Kopf grau, weniger Schwarz als Grünspecht; Deutlich kleiner als Taube, Stammkletterer, kürzerer Schnabel als Grünspecht. Im Frühjahr absinkende Reihe klangvoller »kü«-Laute (leicht nachzupfeifen).

Vorkommen: Laub- und Mischwälder mit morschen Bäumen, Auwälder, große Parkanlagen. Ganzjährig.

Wissenswertes: Sitzt oft auf dem Boden bei der Nahrungssuche.

4 Stockente, Wildente
Anas platyrhynchos Familie Entenverwandte Anatidae

Metallisch grüner Kopf bei Männchen im Prachtkleid von September bis Juni, Brust braun, dazwischen feiner weißer Halsring, sonst überwiegend grau; blaues Flügelfeld auch bei den braunen Weibchen (siehe S. 43). Größe etwa wie Hausente.

Vorkommen: An allen Gewässertypen, auch an Parkteichen und kleinen Bächen und Tümpeln. Ganzjährig, im Winter oft viele an Futterstellen.

Wissenswertes: Stammform unserer Hausentenrassen; auf Parkteichen auch abweichend gefärbte Mischlinge mit Hausenten.

1 Feldlerche, Lerche
Alauda arvensis Familie Lerchen Alaudidae

Graubraun, auf der Oberseite und an der Brust gestrichelt, Bauch weiß; manchmal kleine Haube zu erkennen (Hinterkopf); im Abfliegen weiße Schwanzaußenseiten. Wenig größer als Haussperling. Langer Gesang aus zirpenden und rollenden Tönen wird hoch im Flug vorgetragen.

Vorkommen: Offenes Kulturland, Äcker, Wiesen, Heiden. In milden Gebieten auch im Winter, sonst von Februar bis November.

Wissenswertes: Die Lerche als einer unserer bekanntesten Vögel ist in vielen Gebieten als Folge der Intensivierung der landwirtschaftlichen Bodennutzung selten geworden.

2 Feldsperling
Passer montanus Familie Sperlinge Passeridae

Kopfplatte rotbraun, Oberseite braun und dunkel gestreift, weiße Flügelbinde, schwarzer Kehl- und Wangenfleck im weißen Gesicht, weißes Halsband; Männchen und Weibchen sehen gleich aus. Geringfügig kleiner als Haussperling, schilpt weicher und gedämpfter.

Vorkommen: Feldgehölze, Alleen, Ränder von Ortschaften, auch in Gärten; bei uns kein Stadtvogel, kommt aber an Futterstellen. Jahresvogel.

Wissenswertes: Nest in natürlichen Baumhöhlen und auch in Nischen an Häusern; brütet oft in Nistkästen.

3 Haussperling, Spatz
Passer domesticus Familie Sperlinge Passeridae

Braune Oberseite kräftig schwarz gestreift; bei Männchen grauer Scheitel an den Seiten breit kastanienbraun eingefasst, großer schwarzer Brustlatz; Weibchen unterseits einheitlich braungrau, Oberkopf bräunlichgrau, beigebrauner Strich über dem Auge. Vielfältige, meist schilpende Rufe.

Vorkommen: Überall, wo Häuser stehen, Jahresvogel; fast immer gesellig. Hat in vielen Innenstädten Europas abgenommen.

Wissenswertes: Nester unter Dachziegeln, in Mauerlöchern, gelegentlich auch freistehend auf Dachbalken oder in Bäumen.

4 Bluthänfling, Hänfling
Carduelis cannabina Familie Finken Fringillidae

Rücken zimtbraun; Kopf grau bis bräunlich, Bauch hell; Stirn, Vorderscheitel und Brust des Männchens rot, Weibchen ohne Rot im Gefieder. Undeutlicher weißer Fleck im dunklen Flügel. Etwas kleiner als Haussperling.

Vorkommen: Im Tiefland in halboffener Landschaft mit Büschen und Hecken, auch in Dorfgärten und an der Küste; oft in kleinen Schwärmen; da ein Teil wegzieht, im Winter spärlicher.

Wissenswertes: Hat in landwirtschaftlich intensiv genutzten Gebieten stark abgenommen; wichtige Nahrung sind Sämereien von Ackerkräutern und Stauden auf Ödflächen.

1

2

3

4

1 Kernbeißer
Coccothraustes coccothraustes Familie Finken Fringillidae
Überwiegend hell- bis rötlichbraun, Rücken dunkelbraun; Flügel mit metallisch glänzenden blauschwarzen Schwungfedern; breite weiße Flügelbinde und Schwanzspitze im Flug wichtige Merkmale. Größer als Haussperling, dicker Kopf und Hals und mächtiger kegelförmiger Schnabel. Hohe, hart klingende Rufe wie »pix«.
Vorkommen: Laub- und Mischwälder, Parkanlagen mit hohen Laubbäumen, Obstgärten. Jahresvogel, kommt auch ans Futterhaus.
Wissenswertes: Kann mit dem mächtigen Schnabel und kräftiger Muskulatur Kirschsteine knacken; frisst aber auch Knospen und im Sommer Insekten.

2 Rohrammer
Emberiza schoeniclus Familie Ammernverwandte Emberizidae
Oberseite braun und dunkel gestreift; Männchen mit schwarzem Kopf, weißem Halskragen und weißlicher Unterseite; Weibchen mit braunem Kopf, hellem Überaugen- und Bartstreif, Unterseite dunkel gestrichelt. Kleiner als Haussperling. Rufe hoch »zih«, Gesang kurze, etwas holprige Strophen.
Vorkommen: Schilfflächen, hohe Binsen und Seggen, Gebüsch auf feuchtem Boden, mitunter auch auf trockenen Flächen. Februar/März bis November, im Winter nur in milden Gebieten regelmäßig.
Wissenswertes: Das Nest steht in Grasbüscheln oder unter Büschen.

3 Teichrohrsänger
Acrocephalus scirpaceus Familie Rohrsängerverwandte Acrocephalidae
Oberseite braun, Unterseite hell bräunlichweiß. Kleiner als Haussperling; schlank, mit dünnem Schnabel. Teichrohrsänger singen rhythmisch in kurzen, etwas abgehackt aneinandergereihten schwätzenden Lauten. Sumpfrohrsänger *(A. palustris)* im Aussehen sehr ähnlich, bringen aber ein buntes Potpourri aus vielen perfekten Vogelimitationen.
Vorkommen: Teichrohrsänger sind Schilfbewohner, bei uns von Ende April bis Oktober. Sumpfrohrsänger brüten in dichten Hochstaudenfluren, auch weitab von offenem Wasser; von Mai bis August.
Wissenswertes: Nester an senkrechten Halmen und Stängeln.

4 Gartenbaumläufer
Certhia brachydactyla Familie Baumläufer Certhiidae
Oberseite braun mit feinen weißen Stricheln, Unterseite weißlich. Viel kleiner als Haussperling; Stammkletterer mit feinem, gebogenem Schnabel. Ruf kräftig »tiet«, Gesang kurz »titi tiroiti titt«. Nur an der Stimme zu unterscheiden ist der Waldbaumläufer *(C. familiaris):* fein und hoch »srri«, singt längere Strophe leise trillernd mit einem Endschnörkel.
Vorkommen: Gartenbaumläufer in Laubwäldern, Parkanlagen und Gärten, Waldbaumläufer in Nadel- und Mischwäldern. Jahresvögel.
Wissenswertes: Nester in Spalten, hinter abstehender Rinde, in Nistkästen.

1 Eichelhäher
Garrulus glandarius Familie Krähenverwandte Corvidae
Überwiegend rötlichbraun, auffallende schwarz-weiße Kontraste an Flügel und Schwanz, schwarzer Bartstreif, gestrichelte helle Stirn. Etwa tauben-groß. Laut rätschend »tschrää« oder »tschräit«.
Vorkommen: Laub- und Mischwald, größere Gehölze und Parkanlagen; auf Wanderungen auch in Gärten. Jahresvogel, im Herbst auch Durchzug.
Wissenswertes: Im Herbst werden Eicheln und andere Baumfrüchte oft weit transportiert und im Boden als Wintervorrat versteckt.

2 Neuntöter, Dornwürger, Rotrückenwürger
Lanius collurio Familie Würger Laniidae
Männchen (siehe S. 77) Oberseite rotbraun, grauer Oberkopf, schwarze Augenmaske, rosaweiße Unterseite; Weibchen (Abbildung) oberseits braun bis graubraun, dunkelbraune Augenmaske, Unterseite gelblichweiß mit feiner dunkler Querwellung. Etwas größer als Haussperling, langschwänzig und meist aufrechte Sitzhaltung.
Vorkommen: Offene Kulturlandschaft mit Hecken und Büschen, Kahlschläge; Mai bis September.
Wissenswertes: Beutetiere, in der Hauptsache Insekten, werden auf Dornen und Stacheln als Vorrat aufgespießt, daher der Name -töter oder -würger.

3 Haubenmeise
Parus cristatus Familie Meisen Paridae
Oberseite bräunlich, Unterseite schmutzigweiß bis hellgrau; Kopf schwarz-weiß mit spitzer dreieckiger Federhaube. Kleiner als Kohlmeise und viel klei-ner als Haussperling. Ruf schnurrend »gürrrr«.
Vorkommen: Nadelwälder, gelegentlich auch einzeln in Gärten und am Fut-terhaus. Jahresvogel.
Wissenswertes: Höhlenbrüter, der seine Bruthöhle in morsche Stämme und Strünke selbst hackt.

4 Trauerschnäpper
Ficedula hypoleuca Familie Schnäpperverwandte Muscicapidae
Oberseite dunkel braun mit kleinem weißem Flügelfeld, Unterseite weißlich; Männchen im Frühjahr (siehe S. 67) schwarz-weiß. Geringfügig kleiner als Haussperling, zuckt oft mit den Flügeln.
Vorkommen: Laub- und Mischwälder, Parkanlagen und große Gärten; von Mai bis August.
Wissenswertes: Höhlenbrüter, der häufig in Nistkästen brütet.

1

2

3

4

1 Hausrotschwanz

Hausrotschwanz *Phoenicurus ochruros* Familie Schnäpperverwandte Muscicapidae.

Weibchen (Abbildung) graubraun bis grau, rostroter Schwanz. Weibchen Gartenrotschwanz *(Ph. phoenicurus)* Oberseite graubraun, Unterseite beige, heller als Hausrotschwanz. Männchen Hausrotschwanz (siehe S. 11) rußgrau bis schwarz, oft weißes Flügelfeld; Gartenrotschwanz (siehe S. 11) schwarze Kehle, orangerote Brust, weiße Stirn, grauer Oberkopf und Rücken. Beide schlanker als Haussperling.

Vorkommen: Felsen im Hochgebirge, Steinbrüche, Dörfer, Städte von März bis November; Gartenrotschwanz lichte Laub- und Mischwälder, Streuobstwiesen, Parkanlagen, Gärten von Ende April bis September.

Wissenswertes: Hausrotschwanznester in Felsspalten, Mauernischen oder auf Dachbalken; Gartenrotschwänze brüten in Baumhöhlen und Nistkästen.

2 Nachtigall

Luscinia megarhynchos Familie Schnäpperverwandte Muscicapidae

Oberseite braun, Unterseite graubeige mit hellerer Kehle; großes schwarzes Auge. Gut spatzengroß, lange Beine und relativ langer Schwanz, der auch angehoben wird. Öfter zu hören als zu sehen. Gesang kräftig, abwechslungsreich, mit schluchzenden und schmetternden Abschnitten.

Vorkommen: Laubwälder, Gehölze, Parkanlagen, große Gärten mit vielen Büschen und Unterholz; von April bis September. In Süddeutschland und in Bergländern selten oder fehlend.

Wissenswertes: Gesang ist auch am Tag zu hören.

3 Rotkehlchen

Erithacus rubecula Familie Schnäpperverwandte Muscicapidae

Oberseite bräunlich, Gesicht, Kehle und Brust orangerot. Etwas kleiner als Haussperling, dünne und relativ lange Beine. Rufe schnell hintereinander »ticktick …«, Gesang mit perlenden, klaren Tonreihen.

Vorkommen: Wälder, Hecken- und Buschlandschaften, Parkanlagen und Gärten. Teilweise Zugvogel, aber auch im Winter zu sehen.

Wissenswertes: Lebt von Kleintieren, Beeren und anderen weichen Früchten.

4 Heckenbraunelle

Prunella modularis Familie Braunellen Prunellidae

Oberseite braun, dunkel gestreift ähnlich Haussperling, grauer Kopf und graue Brust mit bräunlichem Anflug. Kleiner und schlanker als Haussperling, dünner Schnabel. Gesang leise zwitschernd, meist von der Spitze einer jungen Fichte oder eines Busches vorgetragen.

Vorkommen: Nadel- und Mischwälder mit viel Unterwuchs, Jungwälder, Heckenlandschaften, buschreiche Parkanlagen und Gärten; von März bis Oktober; in milden Gegenden auch einzeln im Winter, kommt auch ans Futterhaus.

Wissenswertes: Der unauffällige Vogel ist im Sommer schwer zu sehen, da er sich im Gebüsch versteckt.

1

2

3

4

1 Mönchsgrasmücke
Sylvia atricapilla Familie Grasmücken Sylviidae

Jungvögel und Weibchen mit brauner, Männchen mit schwarzer Kopfkappe, die nur bis zum Oberrand des Auges reicht; Oberseite düster grau, Unterseite hellgrau. Etwa Spatzengröße, aber schlanker; Schnabel schlank. Ruf hart »teck«, Gesang nach einer leise schwätzenden Einleitung laut flötend.
Vorkommen: Unterholzreiche Wälder, Parkanlagen und Gärten mit Bäumen und viel Gebüsch; von April bis Oktober, ausnahmsweise auch im Winter.
Wissenswertes: Unsere häufigste Grasmücke.

2 Misteldrossel
Turdus viscivorus Familie Drosseln Turdidae

Oberseite braun bis braungrau, Unterseite weiß mit vielen schwarzen Flecken. Größer als Amsel. Ruf schnarrend »trrrr«, Gesang ähnlich Amsel, aber kürzere Strophen mit Pausen dazwischen.
Vorkommen: Nadelwald und Mischwald mit hohen Bäumen, Waldlichtungen; in manchen Gegenden auch in Parkanlagen und großen Gärten; meist von März bis November, selten im Winter.
Wissenswertes: Lebt auch von Beeren der Mistel. Nest hoch in Bäumen.

3 Singdrossel
Turdus philomelos Familie Drosseln Turdidae

Oberseite hellbraun, Unterseite gelblich und weiß mit vielen schwarzen Punkten. Etwas kleiner als Amsel. Ruf leise »zip«, Gesang laut und vielseitig, typisch sind mehrere Wiederholungen eines kurzen Motivs.
Vorkommen: Laub- und Mischwald, Gehölze, Parkanlagen und oft auch in Gärten; von März bis Oktober.
Wissenswertes: Das tiefmuldige Nest ist mit einer Schicht aus Lehm und Holzmulm ausgekleidet; Eier türkisfarben mit kleinen dunklen Tupfen.

4 Wacholderdrossel
Turdus pilaris Familie Drosseln Turdidae

Rücken rotbraun, Kopf und Hinterrücken grau, Schwanz dunkel; Unterseite weiß und gelblich und mit dunklen Flecken besetzt. Etwas größer als Amsel. Rufe »schak schak schak«, kein auffälliger lauter Gesang, sondern schwätzendes Singen im Fliegen.
Vorkommen: Offene Laub- und Mischwälder, Feldgehölze, Alleen, Parks und Gärten mit alten Bäumen. Jahresvogel, im Herbst oft in größeren Scharen auf Wiesen.
Wissenswertes: Brütet meist in kleinen Kolonien; die Brutpaare greifen gemeinsam Krähen und Greifvögel an.

4 **Amsel**
Turdus merula Familie Drosseln Turdidae
Weibchen dunkelbraun mit etwas hellerer und oft leicht gefleckter Kehle, Junge mit helleren Flecken auf der Oberseite, Männchen (siehe S. 59) schwarz. Vielfältige Rufe, z.B. zeternder Warnruf; Gesang melodisch mit flötenden Tönen.
Vorkommen: Wälder, Parkanlagen, Gärten. Häufigster und auffallendster Gartenvogel; ganzjährig. Kommt auch an Futterstellen mit Weichfutter.
Wissenswertes: In Gärten und an Häusern vielseitige Neststandorte, auch in Blumenkästen und auf Balkonen. Junge verlassen das Nest, bevor sie fliegen können. Nahrung viele Kleintiere, vor allem Regenwürmer, Beeren und Früchte.

2 **Wasseramsel**
Cinclus cinclus Familie Wasseramseln Cinclidae
Bis auf einen großen weißen Brustlatz dunkelbraun, Oberkopf und Bauch mehr rotbraun. Kleiner als Amsel, gedrungene Gestalt mit kurzem Schwanz, der oft hochgestellt wird.
Vorkommen: Schnell fließende Bäche und Flüsse im Bergland und in höher gelegenen Gegenden, auch mitten in Städten. Fehlt weitgehend im Tiefland. Jahresvogel.
Wissenswertes: Einziger Singvogel, der schwimmen und tauchen kann.

3 **Zaunkönig**
Troglodytes troglodytes Familie Zaunkönige Troglodytidae
Oberseite rotbraun, Unterseite etwas heller mit feiner Zeichnung. Winziges Federbällchen mit kurzem, oft nach oben gestelztem Schwanz. Ruf »zerrr«, Gesang laut schmetternd.
Vorkommen: Wälder mit dichtem Unterwuchs, offenes Land mit Büschen, auch in Parkanlagen und Gärten. Ganzjährig, in kälterem Winter wenige.
Wissenswertes: Das kugelförmige Nest mit seitlichem Eingang steht dicht am Boden, meist gut versteckt.

4 **Uferschwalbe**
Riparia riparia Familie Schwalben Hirundinidae
Oberseite graubraun, Unterseite weiß mit einem graubraunen Brustband, Flügelunterseite dunkel graubraun. Kleinste heimische Schwalbe, Schwanzende nur eingekerbt, nicht tief gegabelt. Rufe rau »trsch«.
Vorkommen: Im Land und am Wasser, brütet in Sandgruben und sandigen Steilabfällen. Sommervogel von April/Mai bis August/September.
Wissenswertes: Die Nester liegen in Brutröhren, die oft in großer Zahl in einer Sand- oder Tonwand dicht beieinander gegraben werden.

1

2

3

1 Waldohreule
Asio otus Familie Eulen Strigidae

Insgesamt braun mit dunkleren Strichmustern auf der Unter- und helleren Flecken auf der Oberseite, Gesicht heller; Augen mit orangefarbenem Ring um die Pupille. Schlank, größer als Taube, sitzt aufrecht, Federohren nicht immer sichtbar. Gesang gedämpft, einzelne »hu« mit konstanten Pausen.

Vorkommen: Wälder in der Nähe offener Flächen, größere Gehölze und Parkanlagen mit Nadelbäumen. Jahresvogel, im Winter mitunter auch Übernachtungsgesellschaften in großen Gärten.

Wissenswertes: Mäusejäger; brütet meist in verlassenen Krähennestern.

2 Waldkauz
Strix aluco Familie Eulen Strigidae

Hell- bis graubraun, hellere Unterseite mit dunklen Strichen, Oberseite mit hellen Fleckenreihen; Augen schwarz. Größer als Taube, gedrungen und mit dickem rundem Kopf. Ruf durchdringend »kuwitt«, Gesang nach kurzer Einleitung eine Reihe vibrierender, heulender Töne (meist in nächtlichen Filmszenen zu hören).

Vorkommen: Wälder und Parkanlagen mit alten Laubbäumen, auch in Gärten und in Siedlungen an Häusern. Jahresvogel, singt bereits im Spätwinter.

Wissenswertes: Vielseitige Kleintiernahrung. Höhlenbrüter in Baumhöhlen, Mauerlöchern.

3 Mäusebussard
Buteo buteo Familie Habichtverwandte Accipitridae

Oberseite und Kopf braun, auch heller oder mit hellen Abzeichen; Unterseite mehr oder minder dicht dunkel gefleckt, bei Jungvögeln auch ganz hell; auf den Unterflügeln vorderer Teil meist dunkel braun oder schwärzlich, Mitte und hinterer Teil heller; Flügelspitzen und schmaler Hinterrand schwarz. Größer als Huhn, im Flugbild Flügel lang und breit, Schwanz kurz und breit. Ruf hoch »hiäh«.

Vorkommen: Jagt über Wiesen und Feldern, brütet in Wäldern nahe am Rand, aber auch in Gehölzen, häufigster größerer Greifvogel. Jahresvogel.

Wissenswertes: Vor allem Mäusejäger, geht aber auch an tote Tiere.

4 Silbermöwe
Larus argentatus Familie Möwen Laridae

Jungvögel braun mit lebhafter Musterung, dunkelbraunes Schwanzende; der Anteil brauner Federn nimmt mit dem Alter ab, bis das Alterskleid erreicht ist; bei Altvögeln Körper weiß und silbergrau, mit schwarzen Flügelspitzen (siehe S. 55). Viel größer als Krähe, langer kräftiger Schnabel, lange Flügel.

Vorkommen: Sehr häufig an der Küste, häufig im küstennahen Binnenland, weiter im Süden selten. Jahresvogel.

Wissenswertes: Die großen Möwen legen erst im 4. Lebensjahr ihr Alterskleid an, deshalb sieht man neben weißen auch viele mit mehr oder weniger Braun im Gefieder.

1

2

3

4

1 Turmfalke

Falco tinnunculus Familie Falken Falconidae

Oberseite rotbraun, dunkel gefleckt, Flügelspitzen dunkel; Unterseite hell beige und dicht schwarz gefleckt; Männchen Oberkopf und Schwanzoberseite grau. Kleiner als Taube, im Sitzen sehr schlank, im Flug lange, meist spitz zulaufende Flügel und langer Schwanz. Flügelschlag rasch, steht oft mit schnellem Flügelschlag in der Luft (»rütteln«). Rufe hoch »kikikiki ...«.

Vorkommen: Offene Landschaften, Kulturflächen, brütet auch in Städten. Jahresvogel, doch im Winter in vielen Gebieten selten oder fehlend.

Wissenswertes: Baut kein eigenes Nest, legt Eier in Krähennester, Turmluken oder Felsspalten, nimmt geeignete Nistkästen an. Mäuse-, in der Stadt auch Vogeljäger.

2 Fasan

Phasianus colchicus Familie Glatt- und Raufußhühner Phasianidae

Gefieder braun, dunkel und hell gemustert, Hahn mit dunkelgrünem Kopf und roten Hautlappen um das Auge (siehe S. 83), Weibchen (Abbildung) mit braunem Kopf. Etwa Haushuhngröße, aber sehr langer Schwanz. Ruf des Hahns laut »görr-röck«.

Vorkommen: Offene und halboffene Kulturlandschaft. Jahresvogel.

Wissenswertes: Stammt aus Asien und wurde zu Jagdzwecken bei uns eingebürgert; in manchen Gebieten halten sich die Bestände nur durch Nachschub aus Gefangenschaft.

3 Rebhuhn

Perdix perdix Familie Glatt- und Raufußhühner Phasianidae

Oberseite braun mit dunkler Zeichnung, rotbraune Flankenbänderung, Gesicht und Kehle orangebraun, Unterseite grau. Gut taubengroß, gedrungen. Meist mit raschem Schlag der etwas gebogenen Flügel aus der Deckung polternd. Gesang eine Folge harte »kierr-ik«.

Vorkommen: Jahresvogel der Agrarlandschaft auf Äckern und brachliegenden Wiesen; hat stark abgenommen.

Wissenswertes: Im Frühjahr und Sommer meist paarweise, im Spätsommer und Herbst in Familien.

4 Reiherente

Aythya fuligula Familie Entenverwandte Anatidae

Einfarbig dunkelbraun mit etwas helleren Flanken, gelbes Auge, hellgrauer Schnabel; Männchen im Prachtkleid schwarz mit weißen Flanken und einem Nackenschopf (siehe S. 73). Kleiner und gedrungener als Hausente. Taucht.

Vorkommen: Seen, Teiche und andere Typen stehender Gewässer, auch in der Stadt. Jahresvogel, im Herbst und Winter auf Seen oft große Scharen, im Winter auch in der Nähe von Futterstellen für Wasservögel.

Wissenswertes: Im vorigen Jahrhundert aus Osten eingewandert, breitet sich immer noch aus.

1

2

3

4

1 Stockente, Wildente
Anas platyrhynchos Familie Entenverwandte Anatidae

Weibchen braun, dunkelbraun gefleckt und gestrichelt, blaues Flügelfeld; metallisch grüner Kopf bei Männchen im Prachtkleid von September bis Juni, Brust braun, dazwischen feiner weißer Halsring, sonst überwiegend grau; blaues Flügelfeld. Größe etwa wie Hausente.

Vorkommen: An allen Gewässertypen, auch an Parkteichen und kleinen Bächen und Tümpeln. Ganzjährig, im Winter oft viele an Futterstellen.

Wissenswertes: Stammform unserer Hausentenrassen; auf Parkteichen auch abweichend gefärbte Mischlinge mit Hausenten.

2 Tafelente
Aythya ferina Familie Entenverwandte Anatidae

Weibchen graubraun, Flanken und Rücken etwas grauer, Schnabel dunkel; Männchen kastanienbrauner Kopf, Brust und Hinterende schwarz, Flanken und Oberseite hellgrau (siehe S. 83). Kleiner als Hausente, Stirn hoch. Taucht.

Vorkommen: Flache Seen, im Winter oft in großen Scharen auf großen Seen und Stauseen, auch auf Parkteichen.

Wissenswertes: Im Unterschied zu den meisten anderen Enten bilden sich die Paare meist erst im Frühjahr; im Winter überwiegen die Männchen.

3 Zwergtaucher
Tachybaptus ruficollis Familie Lappentaucher Podicipedidae

Im Winter Oberseite dunkelbraun, Körperseiten und Hals hellbraun bis sandfarben; im Sommer Hals dunkel rotbraun, heller Fleck an der Schnabelbasis. Nur etwa faustgroß, kann mit Entenküken verwechselt werden, Schnabel aber spitz. Taucht viel. Rufe hoch »bibib«, im Sommer langer Triller.

Vorkommen: An bewachsenen Ufern von Binnengewässern, auch mitunter in kleinen Tümpeln. Im Winter häufiger auf offener Wasserfläche und auch auf Parkteichen und Stauseen.

Wissenswertes: Hält sich im Sommer sehr versteckt, sodass man ihn kaum sehen kann. Nest in der Ufervegetation verankert.

4 Haubentaucher
Podiceps cristatus Familie Lappentaucher Podicipedidae

Oberseite dunkelbraun, Hals vorne weiß, im Sommer dunkelbraune Haube und orangebrauner zweiteiliger Halskragen; im Winter viel mehr Weiß am Hals, kein Kopfschmuck. Etwa entengroß, doch viel schlanker, dünner langer Hals, langer spitzer Schnabel. Im Sommer lärmend »görk görk …«.

Vorkommen: Auf Seen und langsam fließenden Gewässern. Jahresvogel, doch im Winter teilweise Abzug.

Wissenswertes: Das Nest ist ein auf dem Wasser schwimmender Haufen von Pflanzenteilen.

1

2

3

4

1 Gimpel, Dompfaff
Pyrrhula pyrrhula Familie Finken Fringillidae

Rücken grau, beim Weibchen Unterseite beigegrau, beim Männchen kräftig rot, Gesicht und Kappe schwarz; Flügel schwarz mit weißer Binde; im Flug weißer Bürzel. Wenig größer als Haussperling, kompakte Gestalt, kurzer dicker Schnabel. Pfiffe kurz und weich »djüh«.

Vorkommen: Mischwälder, Parkanlagen, größere Gärten. Im Winter meist häufiger zu sehen als im Sommer; kommt auch an Futterstellen.

Wissenswertes: Nest in Büschen und Bäumen gut versteckt. Lebt von Samen, Knospen und im Sommer auch von Insekten.

2 Buchfink
Fringilla coelebs Familie Finken Fringillidae

Beim Weibchen Oberseite grünlichbraungrau, Unterseite weißlich; Männchen mit grauem Scheitel und Nacken, Rücken, Brust und Kopfseiten rötlichbraun. Wichtiges Kennzeichen ist die große weiße Flügelbinde. Größe wie Haussperling, aber schlanker und längerer Schwanz. Rufe »fink« (auch Kohlmeise ruft so), Gesang schmetternde Strophe mit einem Schlussschnörkel.

Vorkommen: Wälder, Gehölze, Parkanlagen, Gärten; einer unserer häufigsten Vögel. Kommt im Winter an Futterstellen.

Wissenswertes: Nest mit Moos und Flechten getarnt in Astgabeln.

3 Haussperling, Spatz
Passer domesticus Familie Sperlinge Passeridae

Oberseite grau und bräunlich, kräftig schwarz gestreift; Weibchen unterseits einheitlich braungrau, Oberkopf bräunlichgrau, beigebrauner Strich über dem Auge; bei Männchen grauer Scheitel an den Seiten breit kastanienbraun eingefasst, großer schwarzer Brustlatz. Vielfältige, meist schilpende Rufe.

Vorkommen: Überall, wo Häuser stehen, Jahresvogel; fast immer gesellig. Hat in vielen Innenstädten Europas abgenommen.

Wissenswertes: Nester unter Dachziegeln, in Mauerlöchern, gelegentlich auch freistehend auf Dachbalken oder in Bäumen.

4 Grünfink, Grünling
Carduelis chloris Familie Finken Fringillidae

Weibchen (Abbildung) insgesamt grünlich oder grau; Männchen (siehe S. 23) grünlich; am Unterrand des zusammengelegten Flügels fällt ein deutliches grüngelbes Feld auf, das manchmal (z. B. Jungvögel) auch sehr schmal sein kann. Männchen haben auch grüngelbe Schwanzseiten (beim Abflug zu sehen). Größe wie Haussperling, kräftiger heller Schnabel.

Vorkommen: Waldränder, Gebüsche und Gehölze, Parkanlagen, Gärten. In Städten und Dörfern oft sehr häufig. Jahresvogel; kommt ans Futterhaus.

Wissenswertes: Vor allem die grauen Weibchen werden oft mit Haussperlingen verwechselt, doch ist der Schnabel heller und mächtiger.

1

2

3

4

1 Kleiber
Sitta europaea Familie Kleiber Sittidae

Oberseite bläulichgrau oder graublau, Unterseite weißlich oder orangefarben bis rötlichbraun getönt; schwarzer Streifen durchs Auge bis auf die Halsseiten. Kurzer Schwanz. Größe wie Haussperling, gedrungen, mit großem Kopf und kräftigem Schnabel. Macht sich oft durch laute Pfiffe bemerkbar.

Vorkommen: Laub- und Mischwald, Parkanlagen und Gärten mit älteren Bäumen; klettert an Baumstämmen. Jahresvogel, kommt auch an Futterstellen.

Wissenswertes: Kann als einziger einheimischer Vogel am Stamm auch kopfunter klettern. Brütet in Baumhöhlen oder Nistkästen, deren Einfluglöcher auf passende Größe zugeklebt werden (»Kleiber« bedeutet Kleber).

2 Sumpfmeise
Parus palustris Familie Meisen Paridae

Oberseite braungrau, Unterseite weißlichgrau, Wangen weiß; schwarze Kopfplatte und kleiner schwarzer Kehlfleck. Kleiner als Kohlmeise. Ruf »zidä«.

Vorkommen: Laub- und Mischwälder, Parkanlagen und Gärten mit älteren Laubbäumen. Jahresvogel, kommt regelmäßig an Futterstellen.

Wissenswertes: Höhlenbrüter; die Nester werden in Baumhöhlen, Astlöchern und Nistkästen angelegt.

3 Fitis oder Zilpzalp
Fitis *Phylloscopus trochilus*, Zilpzalp *Phylloscopus collybita*
Familie Laubsänger Phylloscopidae

Oberseite grünlich, mit bräunlichem und grauem Ton; Unterseite weißlich, an Kehle und Brust oft fein gelblich. Hellerer Überaugenstreif, dunklerer Strich durch das Auge. Viel kleiner aus Haussperling. Sind nur am Gesang sicher zu unterscheiden: Zilpzalp singt »zilp zelp zilp zelp …« im Takt, Fitis eine abfallende Folge weicher und etwas wehmütig klingender Pfeiftöne.

Vorkommen: Fitis in lichten Laubwäldern, Feldgehölzen, Parkanlagen und Feuchtgebieten; von April bis September; Zilpzalp in Laub- und Mischwäldern, Feldgehölzen, Parkanlagen und Gärten; von März bis Oktober.

Wissenswertes: Beide bauen ein überdachtes Nest am Boden.

4 Grauschnäpper
Muscicapa striata Familie Schnäpperverwandte

Braungrau, Unterseite grauweiß, feine dunkelgraue Strichelung an Brust und Kehle (die man aber nur aus der Nähe sieht). Schlanker als Haussperling, sitzt oft aufrecht. Rufe kurz und scharf »zri«.

Vorkommen: Wälder, Parkanlagen, Gärten mit alten Bäumen, auch an Häusern; von Mai bis September.

Wissenswertes: Jagt von Sitzwarten aus in kleinen Verfolgungsflügen fliegende Insekten und kehrt meist wieder auf denselben Platz zurück.

1 Mönchsgrasmücke
Sylvia atricapilla Familie Grasmücken Sylviidae
Oberseite düster grau, Unterseite hellgrau. Jungvögel und Weibchen mit brauner, Männchen mit schwarzer Kopfkappe, die nur bis zum Oberrand des Auges reicht. Etwa Spatzengröße, aber schlanker; Schnabel schlank. Ruf hart »teck«, Gesang nach einer leise schwätzenden Einleitung laut flötend.
Vorkommen: Unterholzreiche Wälder, Parkanlagen und Gärten mit Bäumen und viel Gebüsch; von April bis Oktober, ausnahmsweise auch im Winterhalbjahr.
Wissenswertes: Häufigste Grasmücke, deren wohltönender Gesang oft einer Nachtigall zugeschrieben wird.

2 Gartengrasmücke
Sylvia borin Familie Grasmücken Sylviidae
Oliv braungrau, Unterseite heller; keine besonderen Merkmale, daher sehr unauffällig. Etwa Spatzengröße, aber schlanker. Gesang wohltönend, rauer als Mönchsgrasmücke, sprudelnd (Gartengrasmücken »orgeln«, Mönchsgrasmücken »flöten«).
Vorkommen: Gebüschreiche Waldränder, Feldgehölze, Parkanlagen; in Gärten nur bei Angebot an etwas verwilderten Büschen. Mai bis September.
Wissenswertes: Im Gegensatz zu seinem Namen keineswegs ein häufiger Gartenvogel.

3 Heckenbraunelle
Prunella modularis Familie Braunellen Prunellidae
Brust und Kopf grau, oft bräunlich überflogen; Oberseite braun und dunkel gestreift ähnlich Haussperling. Kleiner und schlanker als Haussperling, dünner Schnabel. Gesang leise zwitschernd, meist von der Spitze einer jungen Fichte oder eines Busches vorgetragen.
Vorkommen: Nadel- und Mischwälder mit viel Unterwuchs, Jungwälder, Heckenlandschaften, buschreiche Parkanlagen und Gärten; von März bis Oktober; in milden Gegenden auch einzeln im Winter, kommt auch ans Futterhaus.
Wissenswertes: Der unauffällige Vogel ist im Sommer schwer zu sehen, da er sich im Gebüsch versteckt.

4 Bachstelze
Motacilla alba Familie Stelzenverwandte
Grau, weiß, schwarz; Rücken grau, Schwanz schwarz mit weißen Außenkanten, Unterseite überwiegend weiß, ganze Kehle oder nur Brustband schwarz, Oberkopf grau oder schwarz. Größe wie Haussperling, aber schlanker, langer wippender Schwanz, relativ lange Beine. Ruf »ziwitt«.
Vorkommen: Offene Kulturlandschaft, am Wasser, in der Nähe von Häusern, auch auf Industrieflächen; von März bis Oktober, im Winter nur selten.
Wissenswertes: Nester stehen auf Dachbalken, unter Dachziegeln, in Mauerlöchern, Holzstößen usw.

1

2

3

4

1 Nebelkrähe
Corvus cornix Familie Krähenverwandte Corvidae

Körper grau, Flügel, Schwanz, Kopf und Brustlatz schwarz. Größer als Taube, kräftiger Schnabel; in Stimme und Verhalten wie Rabenkrähe.

Vorkommen: Kulturlandschaft, Siedlungen, nur im Osten und Süden Mitteleuropas; dort ganzjährig, im Westen lediglich Wintergast.

Wissenswertes: Bastarde mit der Rabenkrähe kommen vor mit weniger deutlichen Unterschieden zwischen grauen und schwarzen Gefiederpartien.

2 Ringeltaube
Columba palumbus Familie Tauben Columbidae

Grau bis bläulichgrau, Brust weinrot überflogen, weißer Halsseitenfleck (nur Altvögel) und im Flug weißes Querband über den Flügel; Schwanzende und Flügelspitzen dunkel. Größer als Haustaube, fliegt mit klatschendem Flügelschlag ab. Reviergesang 5-silbig »duu-duu, du du du«.

Vorkommen: Wälder, Parkanlagen und Gärten, in Siedlungen; oft Jahresvogel, sonst von März bis November, im Herbst auf Wiesen und Feldern oft große Schwärme.

Wissenswertes: Vor allem in Nord- und Westdeutschland neben Türkentauben und verwilderten Haustauben (Straßentauben) vertrauter Stadtvogel, der in vielen Städten Süddeutschlands fehlt.

3 Türkentaube
Streptopelia decaocto Familie Tauben Columbidae

Hellgrau mit dunklen Flügelspitzen, Altvögel mit schmalem schwarzem Nackenring. Kleiner und schlanker als Haustaube, langer Schwanz. Gesang 3-silbig, die mittlere betont »du-duu-du«, Ruf heiser »kwäh«.

Vorkommen: Siedlungen, Parks und Gärten, oft neben verwilderten Haustauben (Straßentauben). Jahresvogel.

Wissenswertes: Ist erst ab Mitte des vorigen Jahrhunderts bei uns eingewandert. Nester vor allem auf Nadel- und Zierbäumen, manchmal auch an Gebäuden.

4 Kuckuck
Cuculus canorus Familie Kuckucke Cuculidae

Oberseite, Kopf und Brust blaugrau, Bauch hell und fein dunkel quergebändert; Schwanz und Flügelspitzen dunkel; Weibchen können auch braun sein. Junge mit gebänderter Unterseite und kleinem weißem Nackenfleck. Schlanker als Taube, Schwanz und Flügel lang. Gesang des Männchens »gu gu«, Weibchen trillern.

Vorkommen: Wälder, Heiden, Feuchtgebiete, Kulturlandschaft; von April bis September.

Wissenswertes: Kuckuckseier finden sich vor allem in Nestern von Rohrsängern, Bachstelzen, Rotkehlchen, Gartenrotschwänzen sowie bei vielen anderen Singvögeln.

1

2

3

1 Grauspecht
Picus canus Familie Spechte Picidae

Kopf grau, beim Männchen Vorderscheitel rot, Weibchen ohne Rot. Oberseite moosgrün. Deutlich kleiner als Taube, Stammkletterer, kürzerer Schnabel als Grünspecht. Im Frühjahr absinkende Reihe klangvolller »kü«-Laute (leicht nachzupfeifen).

Vorkommen: Laub- und Mischwälder mit morschen Bäumen, Auwälder, große Parkanlagen. Ganzjährig, besucht auch Futterstellen.

Wissenswertes: Sitzt oft auf dem Boden bei der Nahrungssuche.

2 Graureiher
Ardea cinerea Familie Reiher Ardeidae

Oberseite grau, Unterseite hellgrau bis weiß; bei Altvögeln Kopf weiß, Scheitelseiten und Hinterkopf schwarz, bei Jungen Kopf grau. Größer als Gans, langhalsig, langbeinig, langer kräftiger gelblicher bis grauer Schnabel, kleiner Nackenschopf; im Flug wird im Unterschied zu Störchen Hals eingezogen. Ruf krächzend »kräich«.

Vorkommen: Brütet in Kolonien meist auf Bäumen oder im Schilf; steht am Wasser oder auf Wiesen. Jahresvogel, im Winter seltener.

Wissenswertes: Jagt Fische, Amphibien und Mäuse.

3 Graugans
Anser anser Familie Entenverwandte Anatidae

Gefieder braungrau, an Hals und Kopf etwas heller, Bauch weiß; Schnabel orangefarben bis rosa; im Flug Vorderflügel hellgrau. Größe wie Hausgans, an die auch die Rufe erinnern.

Vorkommen: Feuchtgebiete, Seen und Wiesen. Im Binnenland vielfach ausgesetzte Bestände, daher auch halbzahm an Parkteichen oder Seen um Siedlungen. Jahresvogel.

Wissenswertes: Stammform der Hausgans. Die halbzahmen Trupps an Futterstellen stammen von Vögeln ab, die von Park- oder Gemeindeverwaltungen, nicht von Naturschutzverbänden ausgesetzt wurden.

Überwiegend weiß

3 Höckerschwan
Cygnus olor Familie Entenverwandte Anatidae

Altvögel weiß, Schnabel rotorange mit einem schwarzen Höcker an der Basis; Jungvögel hell graubraun, Schnabel grau bis graurosa und ohne Höcker, Dunenjunge meist grau, mitunter weiß. Im Flug singendes Flügelgeräusch, Rufe sind im Flug nicht zu hören.

Vorkommen: Gewässer aller Art. Jahresvogel, im Winter oft Konzentration an Futterstellen.

Wissenswertes: Auch »wilde« Höckerschwäne stammen meist von ehemals ausgesetzten Parkvögeln ab.

2 Silbermöwe
Larus argentatus Familie Möwen Laridae

Körper, Schwanz und Kopf weiß, Oberflügel und Rücken silbergrau, Flügelspitzen schwarz mit weißen Flecken; gelber Schnabel mit rotem Fleck an der Spitze; Jungvögel (siehe S. 39) braun mit lebhafter Musterung, immer dunkelbraunes Schwanzende; der Anteil brauner Federn nimmt mit dem Alter ab, bis das Alterskleid erreicht ist. Viel größer als Krähe, langer kräftiger Schnabel, lange Flügel.

Vorkommen: Sehr häufig an der Küste, häufig im küstennahen Binnenland, weiter im Süden selten. Jahresvogel.

Wissenswertes: Die großen Möwen legen erst im 4. Lebensjahr ihr Alterskleid an, deshalb sieht man neben weißen auch viele mit mehr oder weniger Braun im Gefieder.

3 Lachmöwe
Larus ridibundus Familie Möwen Laridae

Körper und Schwanz weiß, Flügel hellgrau mit schwarzen Spitzen; im Winter Kopf weiß mit einigen grauen und schwarzen Abzeichen, im Sommer dunkelbraune Kopfmaske; Jungvögel haben braune Federn in den Flügeln. Viel schlanker als Taube, lange Flügel. Verschiedene kurze kreischende Rufe.

Vorkommen: Brütet an Seen, kommt im Winter auch in die Stadt an Futterplätze oder sucht im Frühjahr und Sommer auf frisch gepflügten Feldern nach Nahrung.

Wissenswertes: Lachmöwen brüten oft in großen Kolonien im Schilf.

1

2

3

4

1 Rabenkrähe
Corvus corone Familie Krähenverwandte Corvidae

Schwarz. Größer als Taube, kräftiger Schnabel etwas stumpfer als bei Saatkrähe. Rufe »kraa«, weniger heiser als Saatkrähe.

Vorkommen: Kulturlandschaft, Siedlungen in weiten Teilen Mitteleuropas, zunehmend auch in Städten; im Osten und äußersten Süden durch Nebelkrähe ersetzt. Jahresvogel.

Wissenswertes: Allesfresser; brütet einzeln und nicht in Kolonien. Schwärme im Sommer sind in der Regel Nichtbrüter.

2 Saatkrähe
Corvus frugilegus Familie Krähenverwandte Corvidae

Schwarz, Gefieder violett schimmernd; bei Altvögeln eine unbefiederte Hautpartie an der Schnabelbasis grau, bei Jungen nicht. Größer als Taube; Schnabel geradlinig und spitzer zulaufend als bei Rabenkrähe. Rufe heiser »chraa«.

Vorkommen: Brütet in Kulturlandschaft und auch in Städten, sucht Nahrung auf Feldern und Wiesen. Im Winter große Scharen von Wintergästen aus Nordosten in Großstädten.

Wissenswertes: Brütet in großen Kolonien, Schwärme im Winterhalbjahr suchen am Spätnachmittag gemeinsame Schlafplätze auf; oft sind auch Dohlen dabei.

3 Dohle
Coloeus monedula Familie Krähenverwandte Corvidae

Schwarz mit grauem Nacken; grauweiße Augen. Etwa taubengroß, relativ kurzer Schnabel. Häufigster Ruf hell und etwas schneidend »kja«.

Vorkommen: Brütet an großen Gebäuden, aber auch in Bäumen in Parks und Laubwäldern oder in Steinbrüchen; im Herbst und Winter in großen Schwärmen im Kulturland, oft untermischt mit Saatkrähen.

Wissenswertes: So gut wie immer gesellig; Paare halten ein Leben lang zusammen; im Winter Wintergäste aus Nordosten.

4 Alpendohle, Bergdohle
Pyrrhocorax graculus Familie Krähenverwandte Corvidae

Gefieder schwarz, Beine und Füße rot, Schnabel gelb. Bei Jungvögeln Beine dunkel und Schnabel oft mit dunkler Spitze. Größer als Amsel, etwas kleiner als Taube. Hohe pfeifende und rollende Rufe.

Vorkommen: Nur in den Alpen, meist in Gipfelnähe, an Bergstationen und Rastplätzen oft sehr zutraulich, lässt sich füttern. Im Winter auch regelmäßig in manchen Ortschaften der Alpentäler.

Wissenswertes: Brütet in Felswänden; lebt von Insekten, Beeren, Samen und holt sich Essensreste und Abfälle.

1

2

4

3

1 Star
Sturnus vulgaris Familie Stare Sturnidae

Schwarz mit grünviolettem Metallglanz, oft einige hellere bräunliche Flecken; im Spätsommer und Herbst gelblichweiße Flecken; Jungvögel bräunlichgrau, nicht auffällig gefleckt. Amselgroß, Schwanz kurz, Schnabel spitz. Trippeln auf dem Boden, hüpfen nicht wie Amseln. Gesang vielfältig, mit schlagenden Flügeln meist am Nistplatz, auch Herbstgesang.

Vorkommen: Laubwälder, Gehölze; Parkanlagen, Gärten; zur Nahrungssuche auch in Schwärmen auf Wiesen, Feldern und in Obstgärten; von März bis Oktober, einige überwintern.

Wissenswertes: Höhlenbrüter, Nistet in Starenkästen, Baumhöhlen und Mauerlöchern. Große Schwärme übernachten im Herbst im Schilf und auch manchmal auf Bäumen in der Stadt.

2 Amsel
Turdus merula Familie Drosseln Turdidae

Männchen schwarz mit gelbem Schnabel; Weibchen (siehe S. 37) dunkelbraun mit etwas hellerer und oft leicht gefleckter Kehle, Junge mit helleren Flecken auf der Oberseite. Vielfältige Rufe, am lautesten ist zeternder Warnruf; Gesang melodisch mit flötenden Tönen.

Vorkommen: Wälder, Parkanlagen, Gärten. Häufigster Gartenvogel, ganzjährig. Kommt auch an Futterstellen mit Weichfutter.

Wissenswertes: In Gärten und an Häusern vielseitige Neststandorte; Junge verlassen das Nest, bevor sie fliegen können. Nahrung viele Kleintiere, vor allem Regenwürmer, Beeren und Früchte.

3 Schwarzspecht
Dryocopus martius Familie Spechte Picidae

Gefieder einheitlich schwarz, Schnabel gelblich; Männchen mit rotem Scheitel, Weibchen mit rotem Fleck auf dem Hinterscheitel. Größer als Taube, schlanker Stammkletterer, langer kräftiger Schnabel. Rufe »krrük krrük krrük …« und gedehnt »klööh«.

Vorkommen: Wälder mit älteren Bäumen; das ganze Jahr über.

Wissenswertes: Bruthöhle in alten Bäumen; hackt große Suchlöcher nach holzbewohnenden Insekten in alte Baumstümpfe.

4 Gimpel, Dompfaff
Pyrrhula pyrrhula Familie Finken Fringillidae

Gesicht, Oberkopf, Schwanz und Flügel schwarz mit weißer Binde; beim Männchen Unterseite kräftig rot, Rücken grau; Weibchen (siehe S. 45) Unterseite beigegrau. Im Flug weißer Bürzel zu sehen. Wenig größer als Haussperling, kompakte Gestalt, kurzer dicker Schnabel. Pfiffe kurz und weich »djüh«.

Vorkommen: Mischwälder, Parkanlagen, größere Gärten. Im Winter meist häufiger zu sehen als im Sommer; kommt auch an Futterstellen.

Wissenswertes: Nest in Büschen und Bäumen gut versteckt. Lebt von Samen, Knospen und im Sommer auch von Insekten.

1 Mönchsgrasmücke
Sylvia atricapilla Familie Grasmücken Sylviidae
Männchen mit schwarzer Kopfkappe, die nur bis zum Oberrand des Auges reicht; Oberseite düster grau, Unterseite hellgrau. Jungvögel und Weibchen mit brauner Kappe. Etwa Spatzengröße, aber schlanker; Schnabel schlank. Ruf hart »teck«, Gesang nach einer leise schwätzenden Einleitung laut flötend.
Vorkommen: Unterholzreiche Wälder, Parkanlagen und Gärten mit viel Gebüsch; von April bis Oktober, ausnahmsweise auch im Winterhalbjahr.
Wissenswertes: Unsere häufigste Grasmücke, deren wohltönender Gesang oft einer Nachtigall zugeschrieben wird.

2 Sumpfmeise
Parus palustris Familie Meisen Paridae
Schwarze Kopfplatte und kleiner schwarzer Kehlfleck; Oberseite braungrau, Unterseite weißlichgrau, Wangen weiß. Kleiner als Kohlmeise. Ruf »zidä«.
Vorkommen: Laub- und Mischwälder, Parkanlagen und Gärten mit älteren Laubbäumen. Jahresvogel, kommt regelmäßig an Futterstellen.
Wissenswertes: Höhlenbrüter; die Nester werden in Baumhöhlen, Astlöchern und Nistkästen angelegt.

3 Hausrotschwanz
Phoenicurus ochruros Familie Schnäpperverwandte Muscicapidae
Männchen (Abbildung) rußgrau bis schwarz, oft weißes Flügelfeld; Weibchen (siehe S. 33) graubraun bis grau; rostroter Schwanz, der beim ruhigen Sitzen oft zittert. Schlanker als Haussperling; im Sitzen aufrechte Körperhaltung. Gesang etwas stotternd, neben Pfeiftönen auch knirschende Laute.
Vorkommen: Brütet in Felsen im Hochgebirge, in Steinbrüchen, Dörfern, Städten, Fabrikanlagen; singt oft auf dem Dachfirst. Zugvogel, von März bis November bei uns.
Wissenswertes: Nest in Felsspalten, Mauernischen oder auf Dachbalken; einige überwintern auch bei uns.

4 Mauersegler
Apus apus Familie Segler Apodidae
Schwarz; größer als Schwalbe, lange sichelartige Flügel und schlanker Körper, Schwanzende gegabelt. Rufe schrill »srrie«. So gut wie nur im Fliegen zu sehen.
Vorkommen: Brutvogel in Städten und Dörfern, auf der Luftjagd überall fliegend, bei regnerischem Wetter vor allem über Wasser oft in großen Schwärmen. Anfang Mai bis Mitte August.
Wissenswertes: Nester in Hohlräumen unter Dächern, in Mauerlöchern, ausnahmsweise auch in Baumhöhlen.

1

2

3

1 Blässhuhn
Fulica atra Familie Rallen Rallidae

Schiefergrau mit schwarzem Kopf; Schnabel und Stirnschild weiß. Kleiner als Hausente, gedrungener rundlicher Körper, schwimmt mit nickenden Kopfbewegungen; lange Zehen, die mit einzelnen Schwimmlappen besetzt sind. Rufe laut »köck«.

Vorkommen: Nährstoffreiche Gewässer mit offener Wasserfläche und Ufervegetation; im Winter auf eisfreien Gewässern aller Art, grast auch in Ufernähe und kommt an Futterstellen.

Wissenswertes: Das voluminöse Nest steht am Ufer im Wasser, oft ganz frei sichtbar.

2 Teichhuhn
Gallinula chloropus Familie Rallen Rallidae

Gefieder dunkel, schieferfarben; bei Jungen bräunlich und heller; schmale weiße Linie an den Körperseiten, weißes Dreieck auf der Schwanzunterseite. Bei Altvögeln rotes Stirnschild und Schnabel rot mit gelber Spitze. Etwa Taubengröße, im Schwimmen oft mit hochgestelztem Schwanz.

Vorkommen: Seen, Teiche, Sümpfe, Flüsse mit schützender Vegetation am Ufer; an Parkgewässern oft sehr vertraut, lässt sich im Winter auch füttern.

Wissenswertes: Ist trotz seines Aussehens und Namens kein Huhn. Kann mit seinen langen Zehen auch geschickt in Büschen klettern, ist jedoch immer in Wassernähe.

3 Kormoran
Phalacrocorax carbo Familie Kormoran Phalacrocoracidae

Altvögel überwiegend schwarz, Jungvögel braun und mit hellem Bauch; nackte Hautpartie um den Schnabel gelb, oft weiß im Gesicht und ein weißer Fleck an den Körperseiten. Deutlich größer als Ente, liegt im Schwimmen tief im Wasser mit schräg gehaltenem Kopf, sitzt aufrecht, oft mit ausgebreiteten Flügeln, im Flug Hals ausgestreckt.

Vorkommen: Am Meer und auf Binnengewässern, hat zugenommen. Jahresvogel, aber in manchen Gebieten nur im Winterhalbjahr.

Wissenswertes: Wird als Fischjäger heftig und z. T. auch illegal verfolgt; ob er für mögliche Rückgänge von Fischereierträgen verantwortlich ist, wurde bisher nicht bewiesen.

1

2

3

4

Auffällig schwarz-weiß

1 Rohrammer
Emberiza schoeniclus Familie Ammernverwandte Emberizidae

Männchen mit schwarzem Kopf, weißem Halskragen und weißlicher Unterseite; Oberseite braun und dunkel gestreift; Weibchen mit braunem Kopf, hellem Überaugen- sowie Bartstreif, Unterseite kräftiger dunkel gestrichelt. Kleiner als Haussperling. Rufe hoch »zih«, Gesang kurze, etwas holprig vorgetragene Strophen.

Vorkommen: Schilfflächen, hohe Binsen und Seggen, Gebüsch auf feuchtem Boden, mitunter auch auf trockenen Flächen. Februar/März bis November, im Winter nur in milden Gebieten regelmäßig.

Wissenswertes: Das Nest in Grasbüscheln oder unter Büschen in Bodennähe.

2 Elster
Pica pica Familie Krähenverwandte Corvidae

Auffallend schwarz-weiß, schwarze Gefiederpartien glänzen metallisch. Fast Taubengröße, sehr langer, stufiger Schwanz, schlägt etwas unregelmäßig mit kurzen, runden Flügeln. Schäckernde Rufe »tschek-tschek-tschek ...«

Vorkommen: Offene Kulturlandschaft mit Gehölzen und Baumgruppen; Siedlungen, wenn wenigstens einige Bäume und offene Flächen vorhanden sind. Jahresvogel.

Wissenswertes: Behauptungen, dass bei Zunahme von Elstern kleine Singvögel abnähmen, haben sich nicht bestätigt.

3 Eichelhäher
Garrulus glandarius Familie Krähenverwandte Corvidae

Auffallende schwarz-weiße Kontraste an Flügel und Schwanz, sonst überwiegend rötlichbraun, schwarzer Bartstreif, gestrichelte helle Stirn. Etwa taubengroß. Laut rätschend »tschrää« oder »tschräit«.

Vorkommen: Laub- und Mischwald, größere Gehölze und Parkanlagen; auf Wanderungen auch in Gärten. Jahresvogel, im Herbst auch Durchzug.

Wissenswertes: Im Herbst werden Eicheln und andere Baumfrüchte oft weit transportiert und im Boden als Wintervorrat versteckt.

4 Wasseramsel
Cinclus cinclus Familie Wasseramseln Cinclidae

Bis auf einen großen weißen Brustlatz dunkelbraun, bei ungünstigem Licht wirkt dies wie ein schwarz-weißer Kontrast. Kleiner als Amsel, gedrungene Gestalt mit kurzem Schwanz, der oft hochgestellt wird.

Vorkommen: Schnell fließende Bäche und Flüsse im Bergland und in höher gelegenen Gegenden, auch mitten in Städten. Fehlt weitgehend im Tiefland. Jahresvogel.

Wissenswertes: Einziger Singvogel, der schwimmen und tauchen kann.

1

2

3

4

1 Schwanzmeise
Aegithalos caudatus Familie Schwanzmeisen Aegithalidae
Kopf weiß, oft mit breitem dunklem Seitenstreif, Rücken schwarz mit rosa-braunen Schulterfedern, Brust weiß, Bauch und Flanken hell rötlichbraun, Schwanz schwarz mit weißen Kanten. Kleiner rundlicher Körper und extrem langer Schwanz, klettert geschickt in Zweigen. Ruf schnurrend »zrrr« und hoch 3-silbig »sisisi«.
Vorkommen: Laub und Mischwälder mit viel Unterwuchs und hohem Gebüsch, Parkanlagen und Gärten, meist nicht häufig. Jahresvogel, kommt auch an Meisenknödel.
Wissenswertes: Baut ein kunstvolles, geschlossenes hochovales Nest aus Moos, Flechten, Pflanzenfasern und Federn.

2 Kohlmeise
Parus major Familie Meisen Paridae
Der glänzend schwarze Kopf trägt ein großes weißes Wangenfeld; durch die gelbe Unterseite läuft ein mehr oder minder breiter schwarzer Mittelstreifen; Rücken grünlich, blaugrauer Flügel mit schmaler weißer Binde. Fast so groß wie Haussperling, größte Meise. Ruf »pink« (wie Buchfink), Gesang »zi bä« oder »ti ti dä«, klingelnd.
Vorkommen: Häufigste Meise; Wälder, Gehölze, Parkanlagen und Gärten; kommt häufig ans Futterhaus.
Wissenswertes: Höhlenbrüter, Nest in Baumhöhlen und Nistkästen.

3 Tannenmeise
Parus ater Familie Meisen Paridae
Schwarzer Kopf mit weißem Wangenfleck wie bei Kohlmeise, doch Unterseite hellgrau bis weißlich, nicht gelb, ohne schwarzen Mittelstreif, Oberseite grau, weißer Nackenfleck. Deutlich kleiner als Kohlmeise. Gesang schnell wiederholt »sitjü sitjü …«, feiner als Kohlmeise.
Vorkommen: Nadelwald, bei Wanderungen auch vorübergehend in Laubbäumen und in Gärten mit wenigen Nadelbäumen. Jahresvogel, kommt ans Futterhaus.
Wissenswertes: Höhlenbrüter, Nest in Baumhöhlen, Erdlöchern, Nistkästen.

4 Trauerschnäpper
Ficedula hypoleuca Familie Schnäpperverwandte Muscicapidae
Männchen Oberseite schwarz mit einem weißen Flügelfeld, Unterseite weiß; manche Männchen Oberseite grau; Weibchen (siehe S. 31) Oberseite dunkel braun mit kleinem weißem Flügelfeld, Unterseite weißlich. Geringfügig kleiner als Haussperling, zuckt oft mit den Flügeln.
Vorkommen: Laub- und Mischwälder, Parkanlagen und große Gärten; von Mai bis August.
Wissenswertes: Höhlenbrüter, der häufig in Nistkästen brütet.

1 Bachstelze
Motacilla alba Familie Stelzenverwandte

Oberkopf, Kehle oder zumindest schmales Brustband und Schwanz schwarz, Gesicht, Bauch, Flügelfelder und Schwanzkanten weiß; Oberseite überwiegend grau. Größe wie Haussperling, aber schlanker, langer wippender Schwanz, relativ lange Beine. Ruf »ziwitt«.

Vorkommen: Offene Kulturlandschaft, am Wasser, in der Nähe von Häusern, auch auf Industrieflächen; von März bis Oktober, im Winter nur selten.

Wissenswertes: Nester stehen auf Dachbalken, unter Dachziegeln, in Mauerlöchern, Holzstößen usw.

2 Mehlschwalbe
Delichon urbicum Familie Schwalben Hirundinidae

Schwarze Oberseite mit einem großen weißen Fleck am Schwanzansatz, Unterseite weiß. Schwanz kurz, nur leicht gegabelt. Rufe wie »prrit«.

Vorkommen: Brütet in ländlichen Siedlungen, aber auch in Stadtrandgebieten und an Felswänden; auf der Jagd überall über offener Landschaft zu sehen; April bis September.

Wissenswertes: Die oben geschlossenen kugeligen Schlammnester werden außen an Gebäuden angeklebt, meist unter dem Dach und oft in Kolonien.

3 Rauchschwalbe
Hirundo rustica Familie Schwalben Hirundinidae

Oberseite glänzend schwarz, Unterseite weiß oder gelblichweiß; schwarzes Brustband, Kehle und Stirn dunkel braunrot. Lange Schwanzspieße, die im Flug aber oft zusammengelegt werden. Ruf »witt« oder »witt witt«.

Vorkommen: Kulturlandschaft, brütet in Gebäuden von Dörfern und Einzelhöfen. Bei der Jagd überall über offener Landschaft; April bis September.

Wissenswertes: Anders als bei der Mehlschwalbe sind die Schalennester aus Schlamm und Halmen auf Balken und Vorsprüngen im Inneren von Gebäuden (z. B. Ställe, Scheunen, Durchgänge) angelegt.

4 Ringeltaube
Columba palumbus Familie Tauben Columbidae

Weißes Querband über den Flügel, im Flug zu sehen, kann gegen die dunklen Flügelspitzen wie ein Schwarz-weiß-Kontrast wirken; sonst bläulichgrau, Brust weinrot überflogen, weißer Halsseitenfleck nur bei Altvögeln. Größer als Haustaube, fliegt mit klatschendem Flügelschlag ab. Reviergesang 5-silbig »duu-duu, du du du«.

Vorkommen: Wälder, Parkanlagen und Gärten, in Siedlungen oft Jahresvogel, sonst von März bis November; im Herbst auf Wiesen und Feldern oft große Schwärme.

Wissenswertes: Vor allem in Nord- und Westdeutschland vertrauter Stadtvogel, der in vielen Städten Süddeutschlands fehlt.

70

Auffällig schwarz-weiß

1 Buntspecht
Dendrocopos major Familie Spechte Picidae

Oberseite und Kopf auffallend schwarz-weiß gemustert. Am Bauch rot, Männchen auch mit rotem Nackenfleck, Junge mit rotem Scheitel; Weibchen ohne Rot am Kopf. Unterseite überwiegend weißlich. Etwa Amselgröße; Stammkletterer, kräftiger spitzer Schnabel. Ruf »kix«, trommelt im Frühjahr.
Vorkommen: Weitaus häufigster Specht in Wäldern, Gehölzen, Parkanlagen und Gärten mit Bäumen. Ganzjährig, kommt auch ans Futterhaus.
Wissenswertes: Lebt von Insekten und vor allem im Winter von Nadelbaumsamen. Zimmert sich eine Bruthöhle in Baumstämme, alte Höhlen werden auch wiederverwendet.

2 Kleinspecht
Dryobates minor Familie Spechte Picidae

Kopfseiten weiß mit schwarzem Streifen, Oberseite schwarz mit weißer Fleckenbänderung; Unterseite weißlich, fein dunkel gestrichelt. Männchen mit rotem Scheitel, Weibchen ohne Rot. Größe wie Haussperling; schlanke Gestalt; kurzer spitzer Schnabel.
Vorkommen: Laubwälder, Auwälder, Obstgärten, Parkanlagen, große Gärten. Ganzjährig, meist nicht häufig und oft nicht leicht zu entdecken.
Wissenswertes: Bruthöhlen in totem oder morschem Holz, auch in Ästen, mit Schlupfloch auf der Unterseite.

3 Austernfischer
Haematopus ostralegus Familie Austernfischer Haematopodidae

Auffallend schwarz-weißes Gefieder, Oberseite und Kopf schwarz, Unterseite weiß. Schnabel bei Altvögeln leuchtend rot, Beine rosarot. Etwa taubengroß, langer, gerader Schnabel. Schriller Ruf wie »kliip« weit zu hören.
Vorkommen: An Küsten im Watt, selten und meist nur an wenigen Stellen auch im Binnenland. An der Nordsee auch im Winter.
Wissenswertes: Auffälliger Küstenvogel, der auch oft zu hören ist. Lebt von Muscheln, Schnecken, Krebstieren, Wattwürmern, im Binnenland von Regenwürmern.

4 Kiebitz
Vanellus vanellus Familie Regenpfeiferverwandte Charadriidae

Auffällig schwarz und weiß gefärbt, dunkle Oberseite aus der Nähe mit grünem und violettem Metallglanz; lange dünne Federholle. Etwa taubengroß, im Flug breit gerundete Flügelenden. Ruf »kiu-witt«, im Frühjahr auffällige Flugspiele am Brutplatz.
Vorkommen: Feuchtwiesen, Sümpfe, Flachwasser, auch Felder und Wiesen. Außerhalb der Brutzeit oft in großen Scharen; März bis November, in vielen Gebieten auch im Winter.
Wissenswertes: Hat in der mitteleuropäischen Kulturlandschaft als Folge der intensiven Landwirtschaft dramatisch abgenommen.

1

2

3

4

1 Lachmöwe
Larus ridibundus Familie Möwen Laridae

Im Sommer ist dunkelbraune Kopfmaske scharf vom weißen Körper abgesetzt; Flügel hellgrau mit schwarzen Spitzen; im Winter Kopf weiß mit einigen grauen und schwarzen Abzeichen. Jungvögel haben braune Federn in den Flügeln. Viel schlanker als Taube, lange Flügel. Verschiedene kurze Rufe.
Vorkommen: Brütet an Seen, kommt im Winter auch in die Stadt an Futterplätze oder sucht auf frisch gepflügten Feldern nach Nahrung.
Wissenswertes: Lachmöwen brüten oft in großen Kolonien im Schilf.

2 Brandgans, Brandente
Tadorna tadorna Familie Entenverwandte Anatidae

Körper überwiegend weiß, äußere Flügelhälfte und Schwanzspitze schwarz, Kopf dunkelgrün (kann aus der Entfernung schwarz wirken), breites rotbraunes Brustband, Beine und Schnabel rot. Kleiner als Gans, deutlich größer als Ente.
Vorkommen: Brutvogel an der Küste, in einigen Gebieten auch an Flüssen und Seen. Jahresvogel.
Wissenswertes: Brütet meist in Erdhöhlen. Im Binnenland sind einige wohl auch Nachkommen ausgesetzter Vögel.

3 Reiherente
Aythya fuligula Familie Entenverwandte Anatidae

Männchen im Prachtkleid schwarz mit weißen Flanken und einem Nackenschopf, Weibchen einfarbig dunkelbraun mit etwas helleren Flanken; gelbes Auge, hellgrauer Schnabel. Kleiner und gedrungener als Hausente. Taucht.
Vorkommen: Seen, Teiche und andere Typen stehender Gewässer, auch in der Stadt. Jahresvogel, im Herbst und Winter auf Seen oft große Scharen, im Winter auch in der Nähe von Futterstellen für Wasservögel.
Wissenswertes: Im vorigen Jahrhundert aus Osten eingewandert, breitet sich immer noch aus.

4 Teichhuhn
Gallinula chloropus Familie Rallen Rallidae

Gefieder dunkel, schieferfarben; bei Jungen bräunlich und heller; schmale weiße Linie an den Körperseiten, weißes Dreieck auf der Schwanzunterseite. Altvögel mit rotem Stirnschild und rotem Schnabel mit gelber Spitze. Etwa Taubengröße, im Schwimmen oft mit hochgestelztem Schwanz. Nickt beim Schwimmen mit dem Kopf.
Vorkommen: Seen, Teiche, Sümpfe, Flüsse mit schützender Vegetation am Ufer; an Parkgewässern oft sehr vertraut, lässt sich auch füttern.
Wissenswertes: Ist trotz seines Aussehens und Namens kein Huhn. Kann mit seinen langen Zehen geschickt in Büschen klettern, ist jedoch immer in Wassernähe.

1

2

3

4

Auffällig schwarz-weiß

1 Blässhuhn
Fulica atra Familie Rallen Rallidae

Schiefergrau mit schwarzem Kopf; Schnabel und Stirnschild weiß. Kleiner als Hausente, gedrungener rundlicher Körper, schwimmt mit nickenden Kopfbewegungen; lange Zehen, die mit einzelnen Schwimmlappen besetzt sind. Rufe laut »köck«.

Vorkommen: Nährstoffreiche Gewässer mit offener Wasserfläche und Ufervegetation; im Winter auf eisfreien Gewässern aller Art, grast auch in Ufernähe, kommt an Futterstellen.

Wissenswertes: Das voluminöse Nest steht am Ufer im Wasser, oft ganz frei sichtbar.

2 Weißstorch, Storch
Ciconia ciconia Familie Störche Ciconiidae

Gefieder weiß, Flügel am Hinterrand breit schwarz. Rote Beine und roter Schnabel; bei Jungvögeln Schnabel blasser, mit dunkler Spitze. Größer als Gans, langbeinig und langhalsig, mit langem Schnabel. Hals im Flug ausgestreckt (vgl. Graureiher). Schnabelklappern.

Vorkommen: Kulturland mit Feuchtwiesen und sumpfigen Stellen; brütet auf Dächern, Kaminen oder höheren Plattformen, selten in Bäumen. Zugvogel, bei uns von April bis September, selten im Winter.

Wissenswertes: Der Zug führt vor allem über den Bosporus und über Gibraltar ins tropische und südliche Afrika. Lebt von Regenwürmern, Insekten, Amphibien.

3 Kormoran
Phalacrocorax carbo Familie Kormorane Phalacrocoracidae

Altvögel überwiegend schwarz, oft weiß im Gesicht und ein großer weißer Fleck an den Körperseiten; Jungvögel braun und mit hellem Bauch; nackte Hautpartie um den Schnabel gelb. Deutlich größer als Ente, liegt beim Schwimmen tief im Wasser mit schräg gehaltenem Kopf, sitzt aufrecht, oft mit ausgebreiteten Flügeln, im Flug Hals ausgestreckt.

Vorkommen: Am Meer und auf Binnengewässern, hat zugenommen. Jahresvogel, aber in manchen Gebieten nur im Winterhalbjahr.

Wissenswertes: Wird als Fischjäger heftig und z. T. auch illegal verfolgt; ob er für mögliche Rückgänge von Fischereierträgen verantwortlich ist, wurde bisher nicht bewiesen.

4 Haubentaucher
Podiceps cristatus Familie Lappentaucher Podicipedidae

Hals vorne weiß, Oberkopf und Oberseite schwarz oder braungrau; im Sommer dunkelbraune Haube und orangebrauner zweiteiliger Halskragen; im Winter viel mehr Weiß am Hals, kein Kopfschmuck. Etwa entengroß, doch viel schlanker, dünner unser langer Hals, langer spitzer Schnabel. Im Sommer lärmend »görk görk …«.

Vorkommen: Auf Seen und langsam fließenden Gewässern. Jahresvogel, doch im Winter teilweise Abzug.

Wissenswertes: Das Nest ist ein auf dem Wasser schwimmender Haufen von Pflanzenteilen.

1

2

3

4

1 Kernbeißer
Coccothraustes coccothraustes Familie Finken Fringillidae
Überwiegend hell- bis rötlichbraun, Rücken dunkelbraun, schwarz an der Schnabelbasis; Flügel mit metallisch glänzenden blauschwarzen Schwungfedern; breite weiße Flügelbinde und Schwanzspitze im Flug wichtige Merkmale. Größer als Haussperling, dicker Kopf und Hals, mächtiger kegelförmiger Schnabel. Hohe, hart klingende Rufe wie »pix«.
Vorkommen: Laub- und Mischwälder, Parkanlagen mit hohen Laubbäumen, Obstgärten. Jahresvogel, kommt auch ans Futterhaus.
Wissenswertes: Kann mit dem mächtigen Schnabel Kirschsteine knacken; frisst aber auch Knospen und im Sommer Insekten.

2 Buchfink
Fringilla coelebs Familie Finken Fringillidae
Männchen mit grauem Scheitel und Nacken, Rücken, Brust und Kopfseiten rötlichbraun, Flügel schwarz-weiß; beim Weibchen (siehe S. 45) Oberseite grünlichbraungrau. Wichtiges Kennzeichen ist die weiße Flügelbinde. Größe wie Haussperling, aber schlanker und längerer Schwanz. Rufe »fink« (auch Kohlmeise ruft so), Gesang schmetternde Strophe mit einem Schlussschnörkel.
Vorkommen: Wälder, Gehölze, Parkanlagen, Gärten; einer unserer häufigsten Vögel. Kommt im Winter an Futterstellen.
Wissenswertes: Nest mit Moos und Flechten getarnt meist hoch in Astgabeln.

3 Stieglitz, Distelfink
Carduelis carduelis Familie Finken Fringillidae
Gesicht rot, Kopf schwarz-weiß, Rücken braun; im dunklen Flügel ein auffallendes gelbes Feld und weiße Flecken. Jungvögel ohne Rot. Kleiner als Haussperling. Ruf zart »tikelitt« (daher der Name Stieglitz).
Vorkommen: Lichte Laub- und Mischwälder, Gehölze, Alleen, Gärten. Bei Nahrungssuche oft auf dem Boden oder an Stauden (Disteln, daher der Name Distelfink); im Spätsommer und Herbst oft in Schwärmen; ein Teil überwintert in Süd- und Westeuropa.
Wissenswertes: Nester stehen oft hoch in Bäumen.

4 Neuntöter, Dornwürger, Rotrückenwürger
Lanius collurio Familie Würger Laniidae
Männchen Oberseite rotbraun, grauer Oberkopf, schwarze Augenmaske, rosaweiße Unterseite; Weibchen (siehe S. 31) oberseits braun bis graubraun, dunkelbraune Augenmaske, Unterseite gelblichweiß mit feiner dunkler Querwellung. Etwas größer als Haussperling, langschwänzig und meist aufrechte Sitzhaltung.
Vorkommen: Offene Kulturlandschaft mit Hecken und Büschen, Kahlschläge; Mai bis September.
Wissenswertes: Beutetiere, in der Hauptsache Insekten, werden auf Dornen und Stacheln als Vorrat aufgespießt, daher der Name -töter oder -würger.

1 Eichelhäher
Garrulus glandarius Familie Krähenverwandte Corvidae
Überwiegend rötlichbraun, auffallende schwarz-weiße Kontraste an Flügeln und Schwanz, schwarzer Bartstreif, gestrichelte helle Stirn; blaue, schwarz gestreifte Federn am Flügelrand. Etwa taubengroß. Laut rätschend »tschrää« oder »tschräit«.
Vorkommen: Laub- und Mischwald, größere Gehölze und Parkanlagen; auf Wanderungen auch in Gärten. Jahresvogel.
Wissenswertes: Im Herbst werden Eicheln und andere Baumfrüchte oft weit transportiert und im Boden als Wintervorrat versteckt.

2 Kohlmeise
Parus major Familie Meisen Paridae
Durch die gelbe Unterseite läuft ein mehr oder minder breiter schwarzer Mittelstreifen; der glänzend schwarze Kopf trägt ein großes weißes Wangenfeld; Rücken grünlich; blaugrauer Flügel mit schmaler weißer Binde. Fast so groß wie Haussperling, größte Meise. Ruf »pink« (wie Buchfink), Gesang »zi bä« oder »ti ti dä«, klingelnd.
Vorkommen: Häufigste Meise; Wälder, Gehölze, Parkanlagen und Gärten; kommt häufig ans Futterhaus.
Wissenswertes: Höhlenbrüter, Nest in Baumhöhlen und Nistkästen.

3 Gartenrotschwanz
Phoenicurus phoenicurus Familie Schnäpperverwandte Muscicapidae
Rostroter Schwanz, der beim ruhigen Sitzen oft zittert. Männchen schwarze Kehle, orangerote Brust, weiße Stirn, grauer Oberkopf und Rücken; Weibchen Oberseite graubraun, Unterseite beige. Heller als Hausrotschwanz, schlanker als Haussperling; im Sitzen aufrechte Körperhaltung
Vorkommen: Lichte Laub- und Mischwälder, Streuobstwiesen, Parkanlagen, Gärten. Zugvogel, Ende April bis September.
Wissenswertes: Brütet in Baumhöhlen und Nistkästen.

1

2

3

4

1 Seidenschwanz
Bombycilla garrulus Familie Seidenschwänze Bombycillidae

Hell rötlichbraunes Gefieder; Kinn und Augenmaske schwarz, Endbinde des grauen Schwanzes gelb; gelbes und weißes Flügelmuster; Männchen im Flügel kleine rote Hornplättchen. Etwas kleiner als Amsel, gedrungene Gestalt, Federschopf.

Vorkommen: Wintergast aus der Taiga, in manchen Jahren invasionsartig und dann auch in Gärten.

Wissenswertes: Die Wintergäste ernähren sich vor allem von Beeren und hängengebliebenen Früchten.

2 Buntspecht
Dendrocopos major Familie Spechte Picidae

Am Bauch und unterhalb des Schwanzansatzes rot, Männchen auch mit rotem Nackenfleck, Junge mit rotem Scheitel; Weibchen ohne Rot am Kopf. Oberseite und Kopf auffallend schwarz-weiß gemustert, Unterseite überwiegend weißlich. Etwa Amselgröße; Stammkletterer, kräftiger spitzer Schnabel. Ruf »kix«, trommelt im Frühjahr.

Vorkommen: Weitaus häufigster Specht in Wäldern, Gehölzen, Parkanlagen und Gärten mit Bäumen. Ganzjährig, kommt auch ans Futterhaus.

Wissenswertes: Lebt von Insekten und vor allem im Winter von Nadelbaumsamen. Zimmert sich eine Bruthöhle in Baumstämme, alte Höhlen werden auch wiederverwendet.

3 Kleinspecht
Dryobates minor Familie Spechte Picidae

Männchen mit rotem Scheitel, Weibchen ohne Rot. Unterseite weißlich, fein dunkel gestrichelt; Kopfseiten weiß mit schwarzem Streifen, Oberseite schwarz mit weißer Fleckenbänderung. Größe wie Haussperling; schlanke Gestalt; kurzer spitzer Schnabel.

Vorkommen: Laubwälder, Auwälder, Obstgärten, Parkanlagen, große Gärten. Ganzjährig, meist nicht häufig und oft nicht leicht zu entdecken.

Wissenswertes: Bruthöhlen in totem oder morschem Holz, auch in Ästen, mit Schlupfloch auf der Unterseite.

4 Wacholderdrossel
Turdus pilaris Familie Drosseln Turdidae

Rücken rotbraun, Kopf und Hinterrücken grau, Schwanz dunkel; Unterseite weiß und gelblich und mit dunklen Flecken besetzt. Etwas größer als Amsel. Rufe »schak schak schak«, kein auffälliger Gesang, sondern schwätzendes Singen im Fliegen.

Vorkommen: Offene Laub- und Mischwälder, Feldgehölze, Alleen, Parks und Gärten mit alten Bäumen. Jahresvogel, im Herbst oft in größeren Scharen auf Wiesen.

Wissenswertes: Brütet meist in kleinen Kolonien.

1

2

3

4

1 Fasan
Phasianus colchicus Familie Glatt- und Raufußhühner Phasianidae
Hahn Kopf schwarzgrün glänzend, rote Hautlappen, oft weißer Halsring, Gefieder braun, dunkel und hell gemustert, Henne (siehe S. 41) mit braunem Kopf. Etwa Haushuhngröße, aber sehr langer Schwanz. Ruf des Hahns laut »görr-röck«.
Vorkommen: Offene und halboffene Kulturlandschaft. Jahresvogel.
Wissenswertes: Stammt aus Asien und wurde zu Jagdzwecken bei uns eingebürgert; in manchen Gebieten halten sich die Bestände nur durch Nachschub aus Gefangenschaft.

2 Tafelente
Aythya ferina Familie Entenverwandte Anatidae
Männchen kastanienbrauner Kopf, Brust und Hinterende schwarz, Flanken und Oberseite hellgrau; Weibchen (siehe S. 43) graubraun, Flanken und Rücken etwas grauer, Schnabel dunkel. Kleiner als Hausente, Stirn hoch und Kopf etwas eckig. Taucht.
Vorkommen: Flache Seen, im Winter oft in großen Scharen auf großen Seen und Stauseen, auch auf Parkteichen.
Wissenswertes: Im Unterschied zu den meisten anderen Enten bilden sich die Paare meist erst im Frühjahr; im Winter überwiegen die Männchen.

3 Stockente, Wildente
Anas platyrhynchos Familie Entenverwandte Anatidae
Metallisch grüner Kopf bei Männchen im Prachtkleid von September bis Juni, Brust braun, dazwischen feiner weißer Halsring, sonst überwiegend grau; blaues Flügelfeld, auch bei den braunen, dunkelbraun gefleckten und gestrichelten Weibchen (siehe S. 43). Größe etwa wie Hausente.
Vorkommen: An allen Gewässertypen, auch an Parkteichen und kleinen Bächen und Tümpeln. Ganzjährig, im Winter oft viele an Futterstellen.
Wissenswertes: Stammform unserer Hausentenrassen; auf Parkteichen auch abweichend gefärbte Mischlinge mit Hausenten.

4 Brandgans, Brandente
Tadorna tadorna Familie Entenverwandte Anatidae
Körper überwiegend weiß, äußere Flügelhälfte und Schwanzspitze schwarz, Kopf dunkelgrün (kann aus der Entfernung schwarz wirken), breites rotbraunes Brustband, Beine und Schnabel rot. Kleiner als Gans, deutlich größer als Ente.
Vorkommen: Brutvogel an der Küste, in einigen Gebieten auch an Flüssen und Seen. Jahresvogel.
Wissenswertes: Brütet meist in Erdhöhlen. Im Binnenland sind einige wohl auch Nachkommen ausgesetzter Vögel.

1 Erlenzeisig, Zeisig
Carduelis spinus Familie Finken Fringillidae

Rücken und Flanken dunkel gestrichelt, vor allem bei Weibchen; an Kopf, Brust, im dunklen Flügel und am Rücken oberhalb des Schwanzes grüngelb bis hellgrün, Oberseite meist graugrün. Kopf bei Männchen (siehe S. 23) mit schwarzer Kopfplatte, bei Weibchen graugrün. Kleiner als Haussperling.

Vorkommen: Nadel- und Mischwälder, von Herbst bis Frühjahr auch in Parkanlagen, Alleen und Gärten, dann oft in Schwärmen vor allem an Birken und Erlen; kommt auch ans Futterhaus.

Wissenswertes: Wintergäste sind oft Vögel aus Nord- und Osteuropa.

2 Girlitz
Serinus serinus Familie Finken Fringillidae

Männchen Stirn, Halsseiten, Kehle und Brust zitronengelb, Weibchen blasser gelblichweiß. Kräftig dunkel gestrichelt und gestreift. Viel kleiner als Haussperling, kleiner Schnabel. Kratzender, wirbelnder Gesang, oft im taumelnden Singflug vorgetragen.

Vorkommen: Gehölze, Waldränder, Parkanlagen und Gärten; meist nur von März bis Oktober.

Wissenswertes: Nest meist hoch in Bäumen; Männchen starten ihren Singflug oft von Fernsehantennen.

3 Goldammer
Emberiza citrinilla Familie Ammernverwandte Emberizidae

Männchen (siehe S. 19) gelber Kopf und gelbe Unterseite, an Rücken und Brust braun und rotbraun gestrichelt. Weibchen (Abbildung) kaum gelb, mehr grau und bräunlich, dunkel gestrichelt. Größe etwa wie Haussperling, etwas längerer Schwanz. Gesang »si si si si süüh« (letzter Ton länger und meist tiefer).

Vorkommen: Offene Landschaften mit Gebüsch und Hecken, Waldränder oder Kahlschläge; auch im Winter.

Wissenswertes: Gesang des Männchens ist leicht zu erkennen; im Herbst und Winter auch oft in Schwärmen am Boden.

4 Gartenbaumläufer
Certhia brachydactyla Familie Baumläufer Certhiidae

Oberseite braun mit feinen weißen Strichlein, Unterseite überwiegend weiß. Stammkletterer mit feinem, etwas gebogenem Schnabel. Ruf kräftig »tiet«, Gesang kurz »titi tiroiti titt«. Nur an der Stimme zu unterscheiden ist der Waldbaumläufer *(Certhia familiaris)*, Ruf fein und hoch »srri«, Gesang längere Strophe leise trillernd, abfallend und mit einem Endschnörkel. Beide viel kleiner als Haussperling.

Vorkommen: Gartenbaumläufer Laubwälder, Parkanlagen und Gärten; Waldbaumläufer Nadel- und Mischwälder. Jahresvögel.

Wissenswertes: Nester in Spalten, hinter Rinde, auch in Nistkästen.

1

2

3

4

1 Star
Sturnus vulgaris Familie Stare Sturnidae

Schwarz, im Spätsommer und Herbst dicht mit gelblichweißen Flecken, zur Brutzeit mehr oder minder einfarbig; Jungvögel bräunlichgrau, nicht auffällig gefleckt. Amselgroß, Schwanz kurz, Schnabel spitz. Trippeln auf dem Boden, hüpfen nicht wie Amseln. Gesang vielfältig, mit schlagenden Flügeln meist am Nistplatz auch Herbstgesang.

Vorkommen: Laubwälder, Gehölze, Parkanlagen, Gärten, zur Nahrungssuche auch in Schwärmen auf Wiesen, Feldern und Obstgärten; von März bis Oktober, einige überwintern.

Wissenswertes: Höhlenbrüter in Starenkästen, Baumhöhlen und Mauerlöchern. Große Schwärme übernachten im Herbst im Schilf und auch manchmal auf Bäumen in der Stadt.

2 Misteldrossel
Turdus viscivorus Familie Drosseln Turdidae

Unterseite weiß mit vielen schwarzen Flecken; Oberseite braun bis braungrau. Größer als Amsel. Ruf schnarrend »trrrr«, Gesang ähnlich Amsel, aber kürzere Strophen mit Pausen dazwischen.

Vorkommen: Nadelwald und Mischwald mit hohen Bäumen, Waldlichtungen; in manchen Gegenden auch in Parkanlagen und großen Gärten; meist von März bis November, selten im Winter.

Wissenswertes: Lebt auch von Beeren der Mistel. Nest meist hoch in Bäumen.

3 Singdrossel
Turdus philomelos Familie Drosseln Turdidae

Unterseite gelblich und weiß mit vielen schwarzen Punkten, Oberseite hellbraun. Etwas kleiner als Amsel. Ruf leise »zip«, Gesang laut und vielseitig, typisch sind mehrere Wiederholungen eines kurzen Motivs.

Vorkommen: Laub und Mischwald, Gehölze, Parkanlagen und oft auch in Gärten; März bis Oktober.

Wissenswertes: Das tiefmuldige Nest ist mit einer Schicht aus Lehm und Holzmulm ausgekleidet; Eier türkisfarben mit kleinen dunklen Tupfen.

4 Wacholderdrossel
Turdus pilaris Familie Drosseln Turdidae

Unterseite weiß und gelblich und mit dunklen Flecken besetzt; Rücken rotbraun, Kopf und Hinterrücken grau, Schwanz dunkel. Etwas größer als Amsel. Rufe »schak schak schak«, kein auffälliger Gesang, sondern schwätzendes Singen im Fliegen.

Vorkommen: Offene Laub- und Mischwälder, Feldgehölze, Alleen, Parks und Gärten mit alten Bäumen. Jahresvogel, im Herbst oft in größeren Scharen auf Wiesen.

Wissenswertes: Brütet meist in kleinen Kolonien.

1

2

3

4

1 Feldlerche, Lerche
Alauda arvensis Familie Lerchen Alaudidae

Graubraun, auf der Oberseite und an der Brust gestrichelt, Bauch weiß; manchmal kleine Haube zu erkennen (Hinterkopf); im Abfliegen weiße Schwanzaußenseiten. Wenig größer als Haussperling. Langer Gesang aus zirpenden und rollenden Tönen wird hoch im Flug vorgetragen.

Vorkommen: Offenes Kulturland, Äcker, Wiesen, Heiden. In milden Gebieten auch im Winter, sonst von Februar bis November.

Wissenswertes: Die Lerche als eine unserer bekanntesten Vögel ist in vielen Gebieten als Folge der Intensivierung der landwirtschaftlichen Bodennutzung selten geworden.

2 Waldohreule
Asio otus Familie Eulen Strigidae

Insgesamt braun mit dunkleren Strichmustern auf der Unter- und helleren Flecken auf der Oberseite, Gesicht heller; Augen mit orangefarbenem Ring um die Pupille. Schlank, größer als Taube, sitzt aufrecht, Federohren nicht immer sichtbar. Gesang gedämpft, einzelne »hu« mit konstanten Pausen.

Vorkommen: Wälder in der Nähe offener Flächen, größere Gehölze und Parkanlagen mit Nadelbäumen. Jahresvogel, im Winter mitunter auch Übernachtungsgesellschaften in großen Gärten.

Wissenswertes: Mäusejäger; brütet meist in verlassenen Krähennestern.

3 Waldkauz
Strix aluco Familie Eulen Strigidae

Hell- bis graubraun, hellere Unterseite mit dunklen Strichen, Oberseite mit hellen Fleckenreihen; Augen schwarz. Größer als Taube, gedrungen und mit dickem rundem Kopf. Ruf durchdringend »kuwitt«, Gesang nach kurzer Einleitung eine Reihe vibrierender, heulender Töne (meist in nächtlichen Filmszenen zu hören).

Vorkommen: Wälder und Parkanlagen mit alten Laubbäumen, auch in Gärten und in Siedlungen an Häusern. Jahresvogel.

Wissenswertes: Vielseitige Kleintiernahrung. Höhlenbrüter in Baumhöhlen, Mauerlöchern.

4 Kuckuck
Cuculus canorus Familie Kuckucke Cuculidae

Bauch hell und fein dunkel quergebändert; Oberseite, Kopf und Brust blaugrau, Schwanz und Flügelspitzen dunkel; Weibchen können auch braun sein; Junge schiefergrau mit kleinem weißem Nackenfleck. Schlanker als Taube, Schwanz und Flügel lang. Gesang des Männchens »gu gu«, Weibchen trillern, Junge rufen durchdringend »psrieh«.

Vorkommen: Wälder, Heiden, Feuchtgebiete, Kulturlandschaft; April bis September.

Wissenswertes: Kuckuckseier finden sich vor allem in Nestern von Rohrsängern, Bachstelzen, Rotkehlchen, Gartenrotschwänzen sowie bei vielen anderen Singvögeln.

1

2

3

1 Turmfalke
Falco tinnunculus Familie Falken Falconidae

Oberseite rotbraun, dunkel gefleckt, Flügelspitzen dunkel; Unterseite hell beige und dicht schwarz gefleckt; bei Männchen Oberkopf und Schwanzoberseite grau. Kleiner als Taube, im Sitzen sehr schlank, im Flug lange, meist spitz zulaufende Flügel und langer Schwanz. Flügelschlag rasch, steht oft mit schnellem Flügelschlag in der Luft (»rütteln«). Rufe hoch »kikikiki …«.

Vorkommen: Offene Landschaften, Kulturflächen, brütet auch in Städten. Jahresvogel, doch im Winter in vielen Gebieten selten oder fehlend.

Wissenswertes: Baut kein eigenes Nest, legt Eier in Krähennester, Turmluken oder Felsspalten, nimmt geeignete Nistkästen an. Mäuse-, in der Stadt auch Vogeljäger.

2 Mäusebussard
Buteo buteo Familie Habichtverwandte Accipitridae

Unterseite mehr oder minder dicht dunkel gefleckt, Oberseite und Kopf braun, jedoch auch heller oder mit hellen Abzeichen; auf den Unterflügeln vorderer Teil meist dunkel braun oder schwärzlich, Mitte und hinterer Teil heller; Flügelspitzen und schmaler Hinterrand schwarz. Größer als Huhn, im Flugbild Flügel lang und breit, Schwanz kurz und breit. Ruf hoch »hiäh«.

Vorkommen: Jagt über Wiesen und Feldern, brütet in Wäldern nahe am Rand, aber auch in Gehölzen, häufigster größerer Greifvogel. Jahresvogel.

Wissenswertes: Vor allem Mäusejäger, geht aber auch an tote Tiere.

3 Sperber
Accipiter nisus Familie Habichtverwandte Accipitridae

Unterseite weiß, rostrot oder braungrau gebändert, Oberseite schiefergrau oder braun, helle Augen. Deutlich kleiner als Taube, sitzt aufrecht, relativ langer Schwanz und im Flugbild relativ kurze, stumpfe Flügel.

Vorkommen: Wälder und große Parkanlagen, erscheint auf der Jagd auch in Gärten. Jahresvogel.

Wissenswertes: Jagt oft in hohem Tempo zwischen Hecken und Büschen oder dicht über dem Boden auf Kleinvögel.

1

2

3

1 Bergfink
Fringilla montifringilla Familie Finken Fringillidae

Oberkopf und Rücken grau oder bräunlich, im Frühjahr bei Männchen auch schwarz; Flügel dunkel mit weißem oder orangefarbenem Streifen, Schulter und Brust in allen Kleidern mehr oder minder deutlich orange bis gelblich rostfarben (wichtiges Kennzeichen!); beim Abflug weißer Fleck an der Schwanzwurzel. Größe und Verhalten wie Buchfink. Ruf nasal »tjäp«.

Vorkommen: Regelmäßiger Wintergast aus Nordeuropa, kommt in strengen Wintern ans Futterhaus.

Wissenswertes: In Jahren mit guter Bucheckernmast mitunter riesige Schwärme.

2 Haubenmeise
Parus cristatus Familie Meisen Paridae

Der spitze dreieckige, schwarz-weiß gezeichnete Federschopf fällt meist mehr auf als alle Farben; Kopf schwarz-weiß, Oberseite bräunlich, Unterseite schmutzigweiß bis hellgrau.Kleiner als Kohlmeise und viel kleiner als Haussperling. Ruf schnurrend »gürrrr«.

Vorkommen: Nadelwälder, gelegentlich auch einzeln in Gärten und am Futterhaus. Jahresvogel.

Wissenswertes: Höhlenbrüter, der seine Bruthöhle in morsche Stämme und Strünke selbst hackt.

3 Rebhuhn
Perdix perdix Familie Glatt- und Raufußhühner Phasianidae

Im raschen Abfliegen kann man meist keine Farben unterscheiden. Oberseite braun, Unterseite grau, Gesicht und Kehle orangebraun, Schwanzfedern rotbraun; lebhaftes Gefiedermuster. Gut taubengroß, gedrungene Körperform. Meist sieht man graubraune Vögel mit raschem Schlag der etwas gebogenen Flügel aus der Deckung poltern. Gesang eine Folge harter »kierr-ik«.

Vorkommen: Jahresvogel der Agrarlandschaft auf Äckern und brachliegenden Wiesen; hat stark abgenommen.

Wissenswertes: Im Frühjahr und Sommer meist paarweise, im Spätsommer und Herbst in Familien.

Stichwortverzeichnis

Bibliographische Information der
Deutschen Bibliothek

Die Deutsche Bibliothek verzeichnet
diese Publikation in der Deutschen
Nationalbibliographie; detaillierte bibliographische Daten sind im Inter-
net über http://dnb.ddb.de abrufbar.

BLV Buchverlag
GmbH & Co. KG

80636 München

Grafiken: Wilfried Weigel

Umschlagkonzeption und Gestaltung:
BLV Buchverlag

Umschlagabbildungen:
Wilfried Weigel

Lektorat: Dr. Friedrich Kögel,
Elena Gabler

Herstellung: Hermann Maxant

Satz: Uhl + Massopust, Aalen

Gedruckt auf chlorfrei gebleichtem
Papier

Printed in Germany

ISBN 978-3-8354-1770-0

Hinweis
Das vorliegende Buch wurde sorgfältig
erarbeitet. Dennoch erfolgen alle
Angaben ohne Gewähr. Weder Autor
noch Verlag können eventuelle Nach-
teile und Schäden, die aus den im
Buch vorgestellten Informationen
resultieren, eine Haftung übernehmen.

 www.facebook.com/blvVerlag

Farben haben ihre Bedeutung

Mit bunten Farben machen Vogelmännchen oft die Weibchen auf sich aufmerksam. Die Weibchen haben die Wahl. Die Männchen der Stockente kümmern sich nicht um Eier und Junge und können sich daher auffällige Farben leisten, denn sie müssen nur auf sich aufpassen. Für die Weibchen bedeutet das braun gemusterte Kleid eine hervorragende Tarnung, wenn sie auf den Eiern sitzen. Unauffällige Färbung schützt sie und ihre Nachkommen.

Stockente, Weibchen

Stockente, Männchen

Rote, braune, schwarze Farben gehen auf Farbstoffe, sogenannte Pigmente zurück, die als winzige Körnchen in die Federn eingelagert sind. Weiße Federn sind nur mit Luft gefüllt und spiegeln das Tageslicht wider. Schillerfarben, wie am grünen Kopf des Stockerpels, sind ebenfalls Farben, die auf die Struktur der Feder, nicht auf Farbstoffe, zurückgehen. Winzige Hornplättchen reflektieren je nach Blickrichtung verschiedene Anteile des sichtbaren Lichts, so dass wir unterschiedlich schillernde Farbeindrücke wahrnehmen.